LUCAS ANTONIO CARITÁ

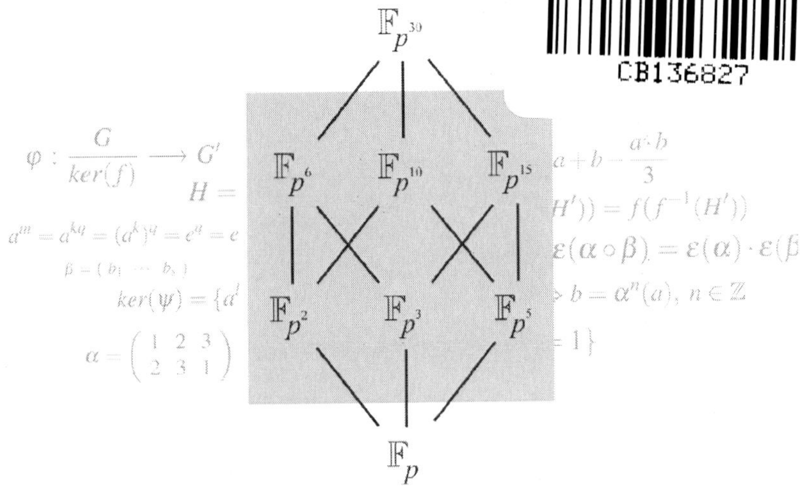

TÓPICOS SELECIONADOS EM ESTRUTURAS ALGÉBRICAS

EDITORA CIÊNCIA MODERNA

Editor: Paulo André P. Marques
Produção Editorial: Dilene Sandes Pessanha
Capa: Daniel Jara
Copidesque: Equipe Ciência Moderna

FICHA CATALOGRÁFICA

CARITÁ, Lucas Antonio.

Tópicos Selecionados em Estruturas Algébricas

Rio de Janeiro: Editora Ciência Moderna Ltda., 2024.

1. Matemática 2. Álgebra
I — Título

ISBN: 978-65-5842-385-0

CDD 510
512

Editora Ciência Moderna Ltda.
R. Alice Figueiredo, 46 – Riachuelo
Rio de Janeiro, RJ – Brasil CEP: 20.950-150
Tel: (21) 2201-6662/ Fax: (21) 2201-6896
E-MAIL: LCM@LCM.COM.BR
WWW.LCM.COM.BR

07/24

Conteúdo

Prefácio

Este livro, intitulado "Tópicos Selecionados em Estruturas Algébricas", representa o resultado de anos de experiência lecionando disciplinas de álgebra em graduações e pós-graduações em Matemática desde 2013. Durante esse tempo, identifiquei a necessidade de uma obra que pudesse servir como um guia abrangente e flexível para estudantes em diferentes níveis de ensino, desde cursos básicos até estudos mais avançados em Álgebra Moderna.

O grande diferencial deste material é sua versatilidade. Ele foi elaborado de maneira a atender a uma ampla gama de necessidades acadêmicas. Pode ser usado como livro-texto em cursos de graduação em Matemática (licenciatura ou bacharelado). Estudantes de licenciatura, encontrarão conteúdos comumente estudados em suas grades curriculares nos capítulos 1, 2, 3, 6, 7 e 8. Além disso, alunos de bacharelado e mestrado em Matemática, bem como aqueles envolvidos em iniciações científicas, poderão se beneficiar dos demais capítulos deste livro, que abordam tópicos mais específicos.

Este livro possui uma abordagem que visa tornar a álgebra acessível e compreensível para estudantes de todos os níveis. As demonstrações são apresentadas de forma clara e detalhada, com ênfase na compreensão dos processos. Quase nenhuma prova é deixada a cargo do leitor, e cada passo é cuidadosamente explicado. Sua estrutura é organizada de maneira lógica e progressiva. Do capítulo 1 ao 3, são explorados os elementos básicos da Teoria dos Grupos. Os capítulos 4 e 5 tratam de grupos de permutações e ação de grupos em conjuntos, respectivamente. Nos capítulos 6 e 7, é realizado um estudo das estruturas de anel, enquanto o capítulo 8 é dedicado aos anéis de polinômios. Finalmente, os capítulos 9 e 10 apresentam elementos introdutórios da Teoria dos Corpos. Cada capítulo é seguido por uma lista de exercícios criteriosamente selecionados, projetados para auxiliar os leitores na consolidação do conteúdo aprendido. Acredito que o aprendizado eficaz de matemática ocorra através da prática, e esses exercícios serão uma ferramenta valiosa para o amadurecimento do conhecimento. Matemática se aprende com muita reflexão. Não basta ler uma boa obra ou assistir uma boa aula, tem que pegar no lápis!

Espero que este livro seja uma fonte útil e esclarecedora para todos aqueles que desejam explorar a riqueza e a beleza das estruturas algébricas. Que esta obra seja uma companheira fiel em sua jornada de aprendizado e descoberta.

Prof. Dr. Lucas Antonio Caritá

1. Grupos e homomorfismos

Grupo é uma das estruturas algébricas mais simples. É basicamente formado por um conjunto não vazio, munido de uma operação, satisfazendo três condições: associatividade, existência de elemento neutro e existência de elemento simétrico para cada elemento do conjunto.

O conceito é descomplicado, mas inúmeras propriedades interessantes podem ser extraídas partindo dele. Não se sabe ao certo quando os grupos começaram oficialmente a ser estudados, todavia, Lagrange, Euler, Gauss e Cauchy, por exemplo, já trabalhavam direta ou indiretamente com grupos entre 1700 e 1800.

1.1 Grupos

Definição 1.1 Seja G um conjunto não vazio. Chama-se **operação** em G toda função $f : G \times G \longrightarrow G$.

Uma operação f em G associa a cada par (x,y) de $G \times G$ um elemento de G que será simbolizado como $x * y$. Assim, denotamos $f(x,y) = x * y$ e tomamos a liberdade de dizer que $*$ indica a operação f.

Definição 1.2 Dizemos que um conjunto não vazio G munido de uma operação $*$ é um **grupo** quando:

(i) $x * (y * z) = (x * y) * z\ ,\ \ \forall\, x, y, z \in G$. [Associatividade.]

(ii) $\exists\, e \in G \mid x * e = e * x = x\ ,\ \ \forall\, x \in G$. [Existência de elemento neutro.]

(iii) $\forall\, x \in G, \exists\, x^{-1} \in G \mid x * x^{-1} = x^{-1} * x = e$. [Existência de simétricos.]

Denotamos por $(G, *)$ o grupo formado pelo conjunto G e pela operação $*$. Mas, sempre que não houver perigo de confusão, podemos apenas escrever grupo G e deixar a operação $*$ subentendida.

Definição 1.3 Se G é um grupo e vale a comutatividade

(iv) $x * y = y * x\ ,\ \ \forall\, x, y \in G$,

dizemos que G é um **grupo abeliano** (ou comutativo).

Proposição 1.1 Considere G um grupo. Então:

(a) o elemento neutro é único;

(b) para cada $x \in G$, o simétrico $x^{-1} \in G$ é único.

Demonstração. (a) Suponha que $e, e' \in G$ são neutros no grupo G. Então,

$$e = e * e' = e'.$$

Logo, $e = e'$ e existe um único neutro em G.

(b) Dado $x \in G$, suponha que $x^{-1}, x' \in G$ são ambos simétricos de x. Então,

$$\begin{aligned} x^{-1} &= x^{-1} * e = x^{-1} * (x * x') \\ &= (x^{-1} * x) * x' = e * x' = x'. \end{aligned}$$

Logo, $x^{-1} = x'$ e o simétrico de x é único em G.

■

Definição 1.4 Considere G um grupo. Se $g \in G$ e $n \in \mathbb{N}$, definimos:

- $g^n = \underbrace{g * g * \ldots * g}_{n \text{ fatores}}$;
- $g^0 = e$, neutro de G;
- $g^{-n} = \underbrace{g^{-1} * g^{-1} * \ldots * g^{-1}}_{n \text{ fatores}}$.

Proposição 1.2 Considere $(G, *)$ um grupo. Se $g \in G$ e $m, n \in \mathbb{Z}_+$, então:

(a) $g^m * g^n = g^{m+n}$;

(b) $(g^m)^n = g^{m.n}$.

Demonstração. Fixado $m \in \mathbb{Z}_+$, a demonstração pode ser feita por indução sobre $n \in \mathbb{Z}_+$.

(a) (i) Para $n = 0$ o resultado é válido, pois: $g^m * g^0 = g^m * e = g^m = g^{m+0}$. Para $n = 1$ é válido, pois: $g^m * g^1 = g^m * g = g^{m+1}$.

(ii) Suponha que a proposição seja válida para $n - 1$, ou seja, $g^m * g^{n-1} = g^{m+n-1}$.

(iii) Provemos que a proposição é válida para n:

$$g^m * g^n = g^m * g^{n-1} * g = g^{m+n-1+1} = g^{m+n}.$$

(b) Procedimento análogo ao do item anterior.

■

Proposição 1.3 Considere G um grupo. Então $(a*b)^{-1} = b^{-1}*a^{-1}$, $\forall\, a,b \in G$.

Demonstração. Note que

$$\begin{aligned} a*b*(b^{-1}*a^{-1}) &= a*(b*b^{-1})*a^{-1} \\ &= a*e*a^{-1} \\ &= a*a^{-1} \\ &= e \end{aligned}$$

e

$$\begin{aligned} (b^{-1}*a^{-1})*a*b &= b^{-1}*(a^{-1}*a)*b \\ &= b^{-1}*e*b \\ &= b^{-1}*b \\ &= e. \end{aligned}$$

Portanto, $(a*b)^{-1} = b^{-1}*a^{-1}$, $\forall\, a,b \in G$. ■

Proposição 1.4 Considere G um grupo abeliano. Então $(a*b)^n = a^n*b^n$, $\forall\, a,b \in G$ e $\forall\, n \in \mathbb{Z}$.

Demonstração. Primeiramente, suponha $n \geq 0$. Neste caso, faremos por indução sobre n.

(i) Para $n = 0$ e $n = 1$ a proposição é válida, pois $(a*b)^0 = e = e*e = a^0*b^0$ e $(a*b)^1 = a*b = a^1b^1$. Para $n = 2$, também, pois, como G é abeliano,

$$\begin{aligned} (a*b)^2 &= (a*b)*(a*b) = a*(b*a)*b \\ &= a*(a*b)*b = (a*a)*(b*b) = a^2*b^2. \end{aligned}$$

(ii) Suponha que a proposição seja válida para $n-1$, isto é, $(a*b)^{n-1} = a^{n-1}*b^{n-1}$.

(iii) Provemos que é válida para n.

$$\begin{aligned}(a*b)^n &= (a*b)^{n-1}*(a*b)\\ &= a^{n-1}*(b^{n-1}*a)*b\\ &= a^{n-1}*(a*b^{n-1})*b\\ &= (a^{n-1}*a)*(b^{n-1}*b)\\ &= a^n*b^n.\end{aligned}$$

Por indução, segue a validade de $(a*b)^n = a^n*b^n$ para $n \geq 0$ inteiro.

Agora, para o caso em que $n < 0$, temos que $n = -k$, onde k é um inteiro positivo. Então, pela indução anterior, como G é abeliano, segue que

$$\begin{aligned}(a*b)^n &= (a*b)^{-k} = ((a*b)^{-1})^k = (b^{-1}*a^{-1})^k\\ &= (a^{-1}*b^{-1})^k = (a^{-1})^k*(b^{-1})^k = a^{-k}*b^{-k}\\ &= a^n*b^n.\end{aligned}$$

Portanto, sendo G abeliano, $(a*b)^n = a^n*b^n$, $\forall\, a,b \in G$ e $\forall\, n \in \mathbb{Z}$. ■

Vejamos alguns exemplos:

▪ **Exemplo 1.1** $\mathbb{N}$ com a adição usual não é um grupo, uma vez que seus elementos não possuem simétricos em $\mathbb{N}$. ▪

▪ **Exemplo 1.2** São grupos abelianos com as operações usuais: $(\mathbb{Z},+)$, $(\mathbb{Q},+)$, $(\mathbb{R},+)$ e $(\mathbb{C},+)$. ▪

▪ **Exemplo 1.3** O conjunto $\mathbb{Z}_n$, dos inteiros módulo $n \geq 2$, é um grupo abeliano com a adição usual de $\mathbb{Z}_n$, definida por $\overline{x} \oplus_n \overline{y} = \overline{x+y}$, $\forall\ \overline{x}, \overline{y} \in \mathbb{Z}_n$ e $+$ indicando a adição usual de $\mathbb{Z}$. ∎

∎ **Exemplo 1.4** O conjunto $\mathbb{C}^* = \{z \in \mathbb{C} \mid z \neq 0\}$ é um grupo com o produto usual dos complexos. Lembre que o produto dos complexos é associativo, o elemento neutro é o $1 \in \mathbb{C}^*$ e para cada $z \in \mathbb{C}^*$, segue que $z^{-1} = \frac{1}{z} \in \mathbb{C}^*$ é o simétrico de z. Além disso, $(\mathbb{C}^*, \cdot)$ é grupo abeliano. Os mesmos argumentos valem para justificar que $(\mathbb{R}^*, \cdot)$ é grupo abeliano. ∎

∎ **Exemplo 1.5** O conjunto $M_n(\mathbb{R})$, das matrizes quadradas de ordem n com entradas reais, é um grupo abeliano quando se considera a adição usual de matrizes. Todavia, trocando a operação pelo produto de matrizes, $M_n(\mathbb{R})$ não forma um grupo, uma vez que nem toda matriz de $M_n(\mathbb{R})$ possui inversa (que corresponderia ao simétrico da referida matriz).

Se considerarmos $GL_n(\mathbb{R}) = \{A \in M_n(\mathbb{R}) \mid detA \neq 0\}$, teremos um grupo com o produto de matrizes. Tal grupo é chamado de **grupo linear geral**. ∎

∎ **Exemplo 1.6** Seja X um conjunto não vazio. Denote por $Bij(X) = \{\sigma : X \longrightarrow X \mid \sigma \text{ é } bijetora\ \}$. Considerando a composição de funções, $(Bij(X), \circ)$ é um grupo. Note que a composição de funções bijetoras é uma função bijetora. Além disso, a composição de funções é associativa, a função identidade $id : X \longrightarrow X$ tal que $id(x) = x$, para todo $x \in X$, é bijetora e é o elemento neutro, além do que, toda bijeção $\sigma \in Bij(X)$ possui inversa $\sigma^{-1} \in Bij(X)$, que é o elemento simétrico de σ. ∎

∎ **Exemplo 1.7** No exemplo anterior, dado $n \geq 2$ natural, considere $X = \{1, 2, \ldots, n\}$. Como vimos,

$(Bij(\{1,2,\ldots,n\}),\circ)$ é um grupo. Chamamos tal grupo de **grupo das permutações de n elementos** e o denotamos $S_n = Bij(\{1,2,\ldots,n\})$.

O grupo S_n possui $n!$ elementos. Uma notação muito usada é a seguinte: Para $\sigma \in S_n$, escrevemos

$$\sigma = \begin{pmatrix} 1 & 2 & 3 & \ldots & n \\ \sigma(1) & \sigma(2) & \sigma(3) & \ldots & \sigma(n) \end{pmatrix}.$$

Por exemplo, em S_4, $\sigma : \{1,2,3,4\} \longrightarrow \{1,2,3,4\}$ tal que $\sigma(1) = 3$, $\sigma(2) = 4$, $\sigma(3) = 1$ e $\sigma(4) = 2$ é escrita como $\sigma = \begin{pmatrix} 1 & 2 & 3 & 4 \\ 3 & 4 & 1 & 2 \end{pmatrix}$. ■

■ **Exemplo 1.8** $(S_3,\circ)$ pode ser interpretado como o **grupo de simetrias de um triângulo equilátero**. Lembre que S_3 possui $3! = 6$ elementos. Considere um triângulo equilátero com vértices 1, 2 e 3, conforme o esquema ilustrado a seguir. Cada nova posição está associada unicamente a um elemento de S_3 e os movimentos não descaracterizam o triângulo original.

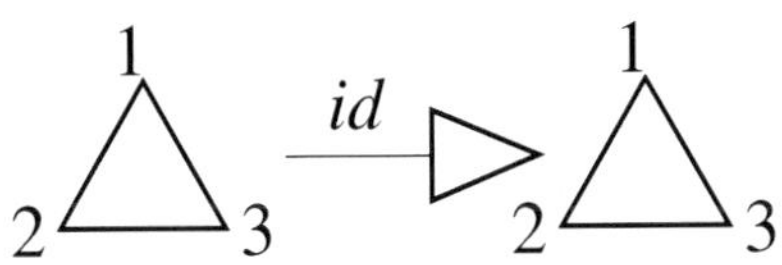

$$id = \begin{pmatrix} 1 & 2 & 3 \\ 1 & 2 & 3 \end{pmatrix}$$

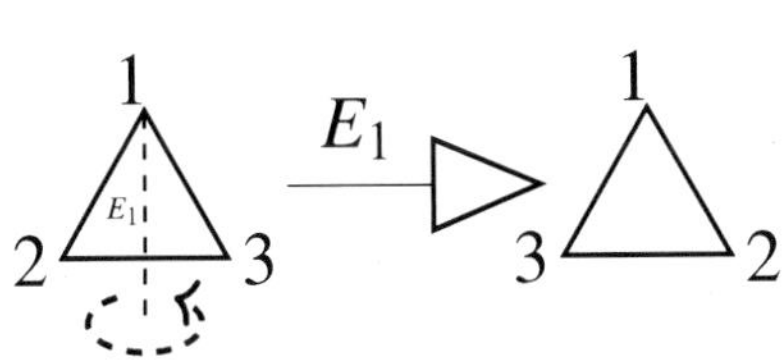

$$E_1 = \begin{pmatrix} 1 & 2 & 3 \\ 1 & 3 & 2 \end{pmatrix}$$

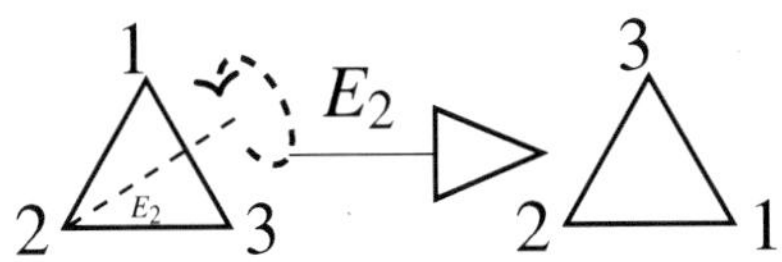

$$E_2 = \begin{pmatrix} 1 & 2 & 3 \\ 3 & 2 & 1 \end{pmatrix}$$

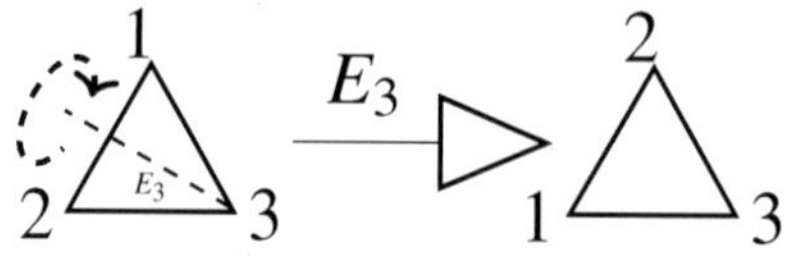

$$E_3 = \begin{pmatrix} 1 & 2 & 3 \\ 2 & 1 & 3 \end{pmatrix}$$

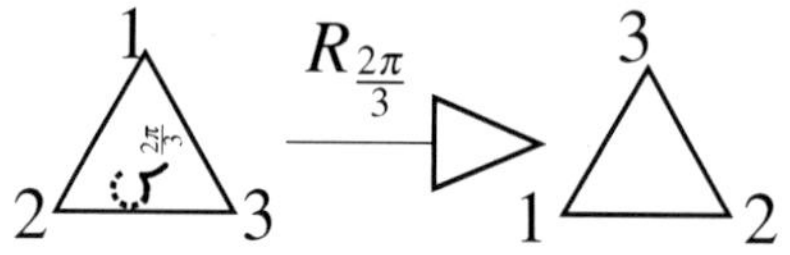

$$R_{\frac{2\pi}{3}} = \begin{pmatrix} 1 & 2 & 3 \\ 2 & 3 & 1 \end{pmatrix}$$

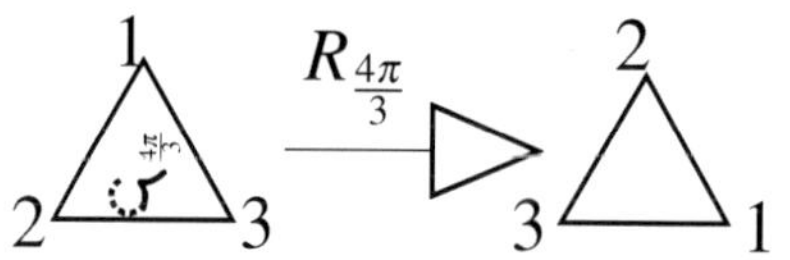

$$R_{\frac{4\pi}{3}} = \begin{pmatrix} 1 & 2 & 3 \\ 3 & 1 & 2 \end{pmatrix}$$

E_i indica a rotação espacial de π *rad* em torno do eixo E_i, $i \in \{1,2,3\}$. $R_{\frac{2\pi}{3}}$ e $R_{\frac{4\pi}{3}}$ indicam a rotação plana em torno do baricentro no sentido anti-horário de $\frac{2\pi}{3}$ *rad* e $\frac{2\pi}{3}$ *rad*, respectivamente.

Perceba que $S_3 = \left\{id, E_1, E_2, E_3, R_{\frac{2\pi}{3}}, R_{\frac{4\pi}{3}}\right\}$ e, assim, $(S_3, \circ)$ é interpretado como o grupo de simetrias de um triângulo equilátero. ∎

No entanto, a condição do Exemplo 1.8 não pode ser generalizada. Por exemplo, S_4 é um grupo com $4! = 24$ elementos. Se estudarmos as simetrias de um quadrado, utilizando rotações que preservam a sua estrutura geométrica, chegaremos em um conjunto com 8 elementos. Denotaremos esse conjunto por D_4. Curiosamente, se considerarmos a operação composição, herdada de S_4, $(D_4, \circ)$ forma um grupo. Temos assim, um grupo contido em outro grupo. Isso nos motiva o estudo de estruturas que chamaremos de subgrupos.

1.2 Subgrupos

A partir desse momento usaremos a simbologia $a \cdot b$ para denotar "a operado com b", com intuito de simplificar notações. O leitor, no entanto, deve estar ciente que $\cdot$ indica uma operação genérica, assim como $*$, ou seja, $\cdot$ não indica necessariamente produto.

Definição 1.5 Considere $(G, \cdot)$ um grupo e H subconjunto não vazio de G. Dizemos que H é um **subgrupo** de G, denotado por $H < G$, quando:

(i) $e_G \in H$;

(ii) $\forall\, h_1, h_2 \in H \implies h_1 \cdot h_2 \in H$;

(iii) $\forall\, h \in H \implies h^{-1} \in H$.

Usando a definição anterior, podemos estabelecer a seguinte equivalência:

Proposição 1.5 Considere G um grupo e H subconjunto não vazio de G. Então $H < G$ se, e somente se, $h_1 \cdot h_2^{-1} \in H\ ,\ \forall\, h_1, h_2 \in H$.

Demonstração. ($\Longrightarrow$) Dados $h_1, h_2 \in H$, como $H < G$, temos $h_2^{-1} \in H$. Assim, $h_1 \cdot h_2^{-1} \in H$.

($\Longleftarrow$) Mostremos as três condições da Definição 1.5.

(i) Como $h_1 \cdot h_2^{-1} \in H\ ,\ \forall\, h_1, h_2 \in H$, em particular, para $h_1 = h_2$, temos $h_2 \cdot h_2^{-1} \in H$. Ou seja, $e \in H$.

(iii) Seja $h \in H$. Pelo item anterior, $e \in H$. Então, $e \cdot h^{-1} \in H$, isto é, $h^{-1} \in H$.

(ii) Sejam $h_1, h_2 \in H$. Pelo item anterior, $h_2^{-1} \in H$. Assim, $h_1 \cdot (h_2^{-1})^{-1} \in H$, ou seja, $h_1 \cdot h_2 \in H$.

■

A seguir, alguns exemplos de subgrupos.

Exemplo 1.9 Sendo G um grupo, temos que $\{e\}$ e G são subgrupos de G denominados **subgrupos triviais**. ■

Exemplo 1.10 Note que $H = \{1, -1, i, -i\}$ é subgrupo de $(\mathbb{C}^*, \cdot)$. Além disso, $K = \{1, -1\}$ é subgrupo de $(H, \cdot)$. Dessa forma, $K < H < \mathbb{C}^*$, considerando o produto usual dos complexos. ■

Exemplo 1.11 Seguindo o mesmo raciocínio do exemplo anterior, temos que $\mathbb{Q}^* < \mathbb{R}^* < \mathbb{C}^*$, considerando o produto usual dos complexos. ■

Exemplo 1.12 Note que $\mathbb{R}^*_+ < \mathbb{R}^*$, considerando o produto usual. De fato,

(i) $1 \in \mathbb{R}^*_+$;

(ii) Se $a, b \in \mathbb{R}^*_+$, então $a > 0$ e $b > 0$. Assim, $a \cdot b > 0$ e então $a \cdot b \in \mathbb{R}^*_+$;

(iii) Se $a \in \mathbb{R}^*_+$, temos $a > 0$. Assim, $\dfrac{1}{a} = a^{-1} > 0$ e então $a^{-1} \in \mathbb{R}^*_+$.

■

Exemplo 1.13 Sabemos que $(\mathbb{Z}, +)$ é grupo. Note que $2\mathbb{Z} < \mathbb{Z}$, onde $2\mathbb{Z} = \{2a \mid a \in \mathbb{Z}\}$, pois:

(i) $0 \in 2\mathbb{Z}$;

(ii) Se $x, y \in 2\mathbb{Z}$, então $x = 2a$ e $y = 2b$ com $a, b \in \mathbb{Z}$. Dessa forma, $x + y = 2a + 2b = 2(a + b) \in 2\mathbb{Z}$, uma vez que $a + b \in \mathbb{Z}$;

(iii) Se $x \in 2\mathbb{Z}$, então $x = 2a$ com $a \in \mathbb{Z}$. Note que $-x = 2(-a) \in 2\mathbb{Z}$, uma vez que $-a \in \mathbb{Z}$.

Todavia, $2\mathbb{Z} + 1$ não é subgrupo de $(\mathbb{Z}, +)$, onde $2\mathbb{Z} + 1 = \mathbb{Z} - 2\mathbb{Z}$. Basta notar que $0 \notin 2\mathbb{Z} + 1$. ■

Exemplo 1.14 Considere $(G, \cdot)$ um grupo. O conjunto

$Z(G) = \{g \in G \mid x \cdot g = g \cdot x \,, \forall x \in G\}$ é chamado **centro do grupo** G. Provemos que $Z(G) < G$.

Faremos isso usando a Proposição 1.5. Dados $a, b \in Z(G)$, mostremos que $a \cdot b^{-1} \in Z(G)$. De fato, para $x \in G$ qualquer,

$$\begin{aligned} x \cdot (a \cdot b^{-1}) &= (x \cdot a) \cdot b^{-1} \overset{a \in Z(G)}{=} (a \cdot x) \cdot b^{-1} \\ &= a \cdot (x \cdot b^{-1}) = a \cdot (b \cdot x^{-1})^{-1} \\ &\overset{b \in Z(G)}{=} a \cdot (x^{-1} \cdot b)^{-1} = a \cdot (b^{-1} \cdot x) \\ &= (a \cdot b^{-1}) \cdot x. \end{aligned}$$

Portanto, $a \cdot b^{-1} \in Z(G)$ e $Z(G) < G$. ■

■ **Exemplo 1.15** Seja $SL_n(\mathbb{R}) = \{A \in M_n(\mathbb{R}) \mid det(A) = 1\}$. Note que $SL_n(\mathbb{R}) < GL_n(\mathbb{R})$ com o produto usual de matrizes. Considere $A, B \in SL_n(\mathbb{R})$, então $det(A.B^{-1}) = det(A) \cdot \dfrac{1}{det(B)} = 1 \cdot 1 = 1$.

Portanto $A.B^{-1} \in SL_n(\mathbb{R})$, o que implica $SL_n(\mathbb{R})$ ser subgrupo de $GL_n(\mathbb{R})$. ■

■ **Exemplo 1.16** O subgrupo D_4 de S_4, é construído geometricamente por rotações que preservam a estrutura de um quadrado de vértices $1, 2, 3$ e 4. As rotações estão ilustradas a seguir, de forma semelhante à que fizemos no Exemplo 1.8.

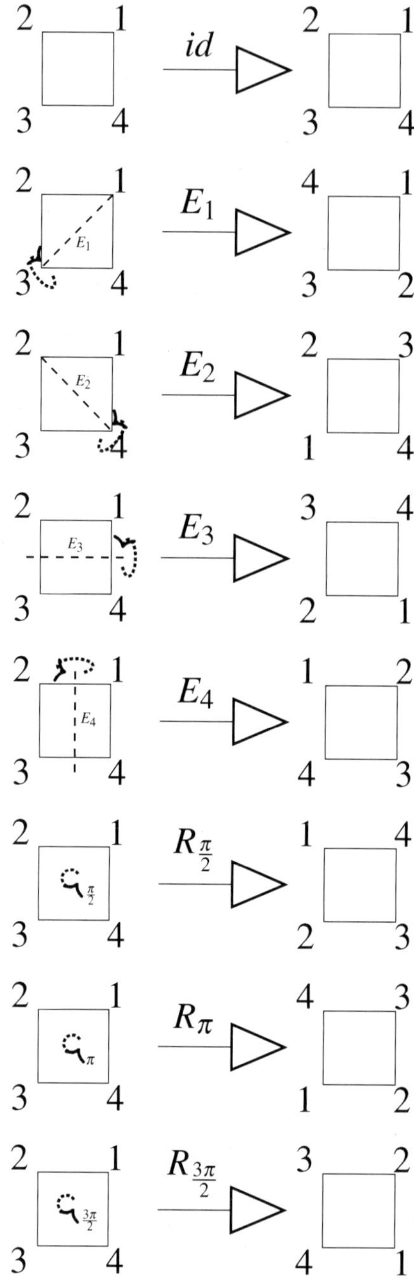

$$id = \begin{pmatrix} 1 & 2 & 3 & 4 \\ 1 & 2 & 3 & 4 \end{pmatrix}$$

$$E_1 = \begin{pmatrix} 1 & 2 & 3 & 4 \\ 1 & 4 & 3 & 2 \end{pmatrix}$$

$$E_2 = \begin{pmatrix} 1 & 2 & 3 & 4 \\ 3 & 2 & 1 & 4 \end{pmatrix}$$

$$E_3 = \begin{pmatrix} 1 & 2 & 3 & 4 \\ 4 & 3 & 2 & 1 \end{pmatrix}$$

$$E_4 = \begin{pmatrix} 1 & 2 & 3 & 4 \\ 2 & 1 & 4 & 3 \end{pmatrix}$$

$$R_{\frac{\pi}{2}} = \begin{pmatrix} 1 & 2 & 3 & 4 \\ 2 & 3 & 4 & 1 \end{pmatrix}$$

$$R_{\pi} = \begin{pmatrix} 1 & 2 & 3 & 4 \\ 3 & 4 & 1 & 2 \end{pmatrix}$$

$$R_{\frac{3\pi}{2}} = \begin{pmatrix} 1 & 2 & 3 & 4 \\ 4 & 1 & 2 & 3 \end{pmatrix}$$

Perceba que $D_4 = \left\{ id, E_1, E_2, E_3, E_4, R_{\frac{\pi}{2}}, R_{\pi}, R_{\frac{3\pi}{2}} \right\}$ é tal que $D_4 < S_4$. Isso pode ser facilmente verificado fazendo a tábua de operação de D_4, pois $id_{S_4} \in D_4$, $\sigma_1 \circ \sigma_2 \in D_4$ para todo σ_1 e σ_2 em D_4 e também para todo $\sigma \in D_4$, segue que $\sigma^{-1} \in D_4$. Veja o Exercício 8. ▪

1.3 Homomorfismos de grupo

Agora, estudaremos um tipo especial de aplicação entre grupos, chamada homomorfismo. Especial porque preserva a estrutura algébrica para seus conjuntos imagens (direta ou inversa), isto é, imagens de subgrupos do domínio são subgrupos do contradomínio e vice-versa.

Definição 1.6 Sejam $(G,*)$ e $(G',\diamond)$ dois grupos. Um **homomorfismo de grupos** é uma função $f : G \longrightarrow G'$ tal que $f(x*y) = f(x)\diamond f(y)$, $\forall x,y \in G$.

Proposição 1.6 Seja $f : G \longrightarrow G'$ um homomorfismo de grupos. Considere $e \in G$ e $e' \in G'$ os elementos neutros, respectivamente, de G e G'. Então:

(a) $f(e) = e'$;

(b) $f(x^{-1}) = (f(x))^{-1}$, $\forall x \in G$.

Demonstração. Denote $(G,*)$ e $(G',\diamond)$.

(a)

$$
\begin{aligned}
& f(e) = f(e*e) = f(e)\diamond f(e) \\
& \Longrightarrow f(e) = f(e)\diamond f(e) \\
& \Longrightarrow (f(e))^{-1}\diamond f(e) = (f(e))^{-1}\diamond f(e)\diamond f(e) \\
& \Longrightarrow e' = e'\diamond f(e) \\
& \Longrightarrow f(e) = e'.
\end{aligned}
$$

(b) Seja $x \in G$ qualquer,

$$f(x^{-1}) \diamond f(x) = f(x^{-1} * x) = f(e) = e'$$

$$f(x) \diamond f(x^{-1}) = f(x * x^{-1}) = f(e) = e'.$$

Portanto, $f(x^{-1}) = (f(x))^{-1}$, $\forall x \in G$.

■

Vejamos alguns homomorfismos de grupo na prática.

■ **Exemplo 1.17** Considere G um grupo. A aplicação identidade $id : G \longrightarrow G$ tal que $id(x) = x$, $\forall x \in G$, é um homomorfismo. Para $x, y \in G$, note que $id(x \cdot y) = x \cdot y = id(x) \cdot id(y)$. ■

■ **Exemplo 1.18** Seja G um grupo. A aplicação $f : G \longrightarrow G$ tal que $f(x) = e$, $\forall x \in G$ é um homomorfismo. Dados $x, y \in G$, tem-se $f(x \cdot y) = e = e \cdot e = f(x) \cdot f(y)$. ■

■ **Exemplo 1.19** Considere os grupos $(\mathbb{R}_+^*, \cdot)$ e $(\mathbb{R}, +)$. A aplicação $f : \mathbb{R}_+^* \longrightarrow \mathbb{R}$ tal que $f(x) = ln(x)$, $\forall \in \mathbb{R}_+^*$, é homomorfismo. Para $x, y \in \mathbb{R}_+^*$, $f(x \cdot y) = ln(x \cdot y) = ln(x) + ln(y) = f(x) + f(y)$. ■

■ **Exemplo 1.20** Considere os grupos $(\mathbb{Z}, +)$ e $(\mathbb{C}^*, \cdot)$. A aplicação $f : \mathbb{Z} \longrightarrow \mathbb{C}^*$ tal que $f(x) = i^x$, $\forall x \in \mathbb{Z}$, é homomorfismo. Para $x, y \in \mathbb{Z}$, segue que $f(x+y) = i^{x+y} = i^x \cdot i^y = f(x) \cdot f(y)$. ■

Até agora, destacamos as operações dos grupos envolvidos em um homomorfismo por meio de símbolos diferentes. A partir deste ponto, para simplificar nossa notação, usaremos o símbolo $\cdot$ para representar as operações de ambos os grupos, embora seja importante ressaltar que isso não implica necessariamente que os grupos tenham a mesma operação.

Definição 1.7 Seja $f : G \longrightarrow G'$ um homomorfismo de grupos. Definimos o **núcleo** de f por $ker(f) = \{x \in G \mid f(x) = e'\}$.

Veja a ilustração:

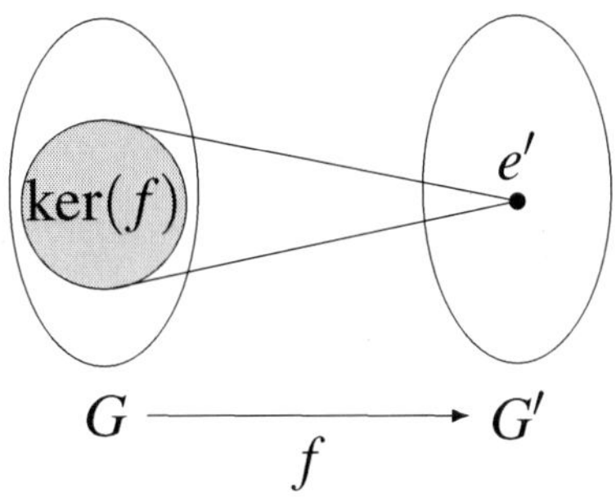

Proposição 1.7 Se $f : G \longrightarrow G'$ é um homomorfismo de grupos, então $ker(f) < G$.

Demonstração. Sejam $x, y \in ker(f)$. Demonstremos que $x \cdot y^{-1} \in ker(f)$.

$$f(x.y^{-1}) = f(x) \cdot (f(y))^{-1} = e' \cdot e'^{-1} = e' \cdot e' = e'.$$

Portanto, $x \cdot y^{-1} \in ker(f)$ e, assim, $ker(f) < G$. ■

Definição 1.8 Considere $f : G \longrightarrow G'$ um homomorfismo de grupos com $H < G$ e $F < G'$. Definimos:

(a) $f(H) = \{f(h) \in G' \mid h \in H\}$, a **imagem direta** de H por f;

(b) $f^{-1}(F) = \{a \in G \mid f(a) \in F\}$, a **imagem inversa** de F por f.

Proposição 1.8 Seja $f : G \longrightarrow G'$ um homomorfismo de grupos. Considere $H < G$ e $F < G'$. Então:

(a) $f(H) < G'$;
(b) $f^{-1}(F) < G$;
(c) $ker(f) \subset f^{-1}(F)$.

Demonstração. (a) Sejam $f(h_1), f(h_2) \in f(H)$. Note que

$$f(h_1) \cdot (f(h_2))^{-1} = f(h_1 \cdot h_2^{-1}) = f(h) \in f(H),$$

onde $h = h_1 \cdot h_2^{-1} \in H$. Portanto, $f(H) < G'$.

(b) Sejam $a, b \in f^{-1}(F)$. Demonstremos que $a \cdot b^{-1} \in f^{-1}(F)$. Note que $f(a \cdot b^{-1}) = f(a) \cdot (f(b))^{-1} \in F$, pois $F < G'$. Dessa forma, temos:

$$f(a \cdot b^{-1}) \in F \implies a \cdot b^{-1} \in f^{-1}(F).$$

Portanto, $f^{-1}(F) < G$.

(c) Seja $\alpha \in ker(f)$. Então, $f(\alpha) = e' \in F < G'$. Como $f(\alpha) \in F$, segue que $\alpha \in f^{-1}(F)$. Logo, $ker(f) \subset f^{-1}(F)$.

■

Proposição 1.9 Sejam $f : G \longrightarrow G'$ e $h : G' \longrightarrow G''$ homomorfismos de grupos de forma que seja possível considerar a composição $h \circ f : G \longrightarrow G''$. Então, $h \circ f$ também é homomorfismo.

Demonstração. Denote $(G, *), (G', \diamond)$ e $(G'', \Box)$. Sejam $x, y \in G$,

$$\begin{aligned}(h \circ f)(x * y) &= h(f(x * y)) = h(f(x) \diamond f(y)) \\ &= h(f(x)) \,\Box\, h(f(y)) \\ &= (h \circ f)(x) \,\Box\, (h \circ f)(y).\end{aligned}$$

■

Definição 1.9 Dizemos que um homomorfismo de grupos chama-se:

- **monomorfismo**, quando é injetor;
- **epimorfismo**, quando é sobrejetor;
- **isomorfismo**, quando é bijetor.

Definição 1.10 Dizemos que dois grupos G e G' são **isomorfos**, denotamos por $G \simeq G'$, quando existe um isomorfismo entre eles. Um isomorfismo de um grupo em si mesmo é denominado **automorfismo**.

Dadas as propriedades das funções bijetoras, facilmente se percebe que o isomorfismo de grupos é uma relação de equivalência.

Proposição 1.10 Seja $f : G \longrightarrow G'$ um homomorfismo de grupos. Então, f é monomorfismo se, e somente se, $ker(f) = \{e\}$.

Demonstração. ($\Longrightarrow$) Sabemos que $f(e) = e'$. Suponha que $ker(f) \neq \{e\}$, ou seja, existe $a \in ker(f)$ com $a \neq e$. Mas, se $a \in ker(f)$, então $f(a) = e' = f(e)$. Isto é, $f(a) = f(e)$ com $a \neq e$. Absurdo, pois contradiz a injetividade de f.

Portanto $ker(f) = \{e\}$.

($\Longleftarrow$) Considere $x, y \in G$ com $f(x) = f(y)$. Então:

$$\begin{aligned} f(x) = f(y) &\Longrightarrow f(x)\cdot(f(y))^{-1} = f(y)\cdot(f(y))^{-1} \\ &\Longrightarrow f(x\cdot y^{-1}) = e' \\ &\Longrightarrow x\cdot y^{-1} \in ker(f). \end{aligned}$$

Como $ker(f) = \{e\}$, segue que $x \cdot y^{-1} = e$, ou seja, $x = y$. Com isso f é injetor, isto é, um monomorfismo. ■

Proposição 1.11 Considere $f : G \longrightarrow G'$ um homomorfismo de grupos e $F < G'$. Se f é um epimorfismo, então $f(f^{-1}(F)) = F$.

Demonstração.

- $f(f^{-1}(F)) \subset F$.
  Se $\alpha \in f(f^{-1}(F))$, então $\alpha = f(x)$ onde $x \in f^{-1}(F)$. Nessa circunstância, $f(x) \in F$, ou seja, $\alpha \in F$.
- $F \subset f(f^{-1}(F))$.
  Se $\alpha \in F$, então, como f é sobrejetora, $\alpha = f(x) \in F$ para algum $x \in G$. Dessa forma, $x \in f^{-1}(F)$. Portanto, $f(x) \in f(f^{-1}(F))$, ou seja, $\alpha \in f(f^{-1}(F))$.

■

Para finalizar este capítulo, estudaremos o Teorema da Correspondência. A "correspondência" que dá nome ao teorema se dá entre o conjunto de todos os subgrupos do contradomínio de um epimorfismo f e o conjunto de todos os subgrupos do domínio que contém o núcleo de f.

Teorema 1.12 — **Teorema da Correspondência.** Seja $f : G \longrightarrow G'$ um epimorfismo. Então, existe uma bijeção entre $\{H < G \mid ker(f) \subset H\}$ e $\{H' < G'\}$.

Demonstração. Defina $\varphi : \{H < G \mid ker(f) \subset H\} \longrightarrow \{H' < G'\}$ por $\varphi(H) = f(H) < G'$.

Como f é bem definida, certamente φ está bem definida. Provemos que é bijetora.

- φ é injetora.

Sejam $H_1, H_2 \in \{H < G \mid ker(f) \subset H\}$, tais que $\varphi(H_1) = \varphi(H_2)$. Mostremos que $H_1 = H_2$. Note que $f(H_1) = f(H_2)$.

- $H_1 \subset H_2$.

$$\begin{aligned} \alpha \in H_1 &\Longrightarrow f(\alpha) \in f(H_1) = f(H_2) \\ &\Longrightarrow f(\alpha) = f(h_2), \text{ com } h_2 \in H_2. \end{aligned}$$

Então:

$$\begin{aligned} f(\alpha) = f(h_2) &\Longrightarrow f(\alpha)\cdot(f(h_2))^{-1} = e' \\ &\Longrightarrow f(\alpha \cdot h_2^{-1}) = e' \\ &\Longrightarrow \alpha \cdot h_2^{-1} \in ker(f) \subset H_2. \end{aligned}$$

Então, existe $l \in H_2$ tal que $l = \alpha \cdot h_2^{-1}$. Assim, $\alpha = l \cdot h_2 \in H_2$.

- $H_2 \subset H_1$ se prova de forma análoga.

Portanto, φ é injetora.

- φ é sobrejetora.
Seja $H' \in \{H' < G'\}$, então $f^{-1}(H') < G$ e $ker(f) \subset f^{-1}(H')$. Portanto, $f^{-1}(H') \in \{H < G \mid ker(f) \subset H\}$ e, assim,

$$\varphi(f^{-1}(H')) = f(f^{-1}(H')) \overset{\text{Prop. 1.11}}{=} H'.$$

Portanto, φ é sobrejetora.

Então, φ é bijetora e nossa correspondência está estabelecida. ∎

1.4 Exercícios

1. No conjunto $\mathbb{Z}$, considere a operação $*$ definida por

$$x * y = mx + ny.$$

Estabeleça condições sobre os inteiros m e n para que a operação

a) seja associativa.

b) seja comutativa.

c) admita elemento neutro.

2. Mostre que $\mathbb{R}$ munido da operação $*$ definida por

$$x * y = \sqrt[3]{x^3 + y^3}$$

é um grupo abeliano.

3. Mostre que $\mathbb{Q} \times \mathbb{Q}$ munido da operação $*$ definida por

$$(a,b) * (c,d) = (ac, bc + d)$$

é um grupo.

4. Sejam $(G_1, \Diamond)$ e $(G_2, \oslash)$ dois grupos. No conjunto $G_1 \times G_2$, defina a operação

$$(g_1, g_2) \cdot (g_1', g_2') = (g_1 \Diamond g_1', g_2 \oslash g_2')).$$

Mostre que $G_1 \times G_2$ com a operação acima é um grupo.

5. Considere $X = \{\emptyset, \{0\}, \{1\}, \{0,1\}\}$ e a operação $\oplus$ dada por

$$A \oplus B = (A \cup B) - (A \cap B),$$

para quaisquer $A, B \in X$. Prove que $(X, \oplus)$ é um grupo abeliano.

6. Prove que um grupo no qual todo elemento é seu próprio simétrico é abeliano.

7. Dado $G = \{e, a, b\}$, sabendo que $(G, *)$ é um grupo, construa a tábua da operação $*$ em G.

8. Faça as tábuas de operação de $(S_3, \circ)$ e de $(D_4, \circ)$.

9. Considere a, b e c elementos em um grupo $(G, \cdot)$.
   a) Prove que $(a \cdot b \cdot c)^{-1} = c^{-1} \cdot b^{-1} \cdot a^{-1}$.
   b) Obtenha $x \in G$ tal que $a \cdot b \cdot c \cdot x \cdot b = c$.
10. Considere

$$H = \left\{ \begin{pmatrix} 1 & a \\ 0 & 1 \end{pmatrix} \mid a \in \mathbb{R} \right\}$$

e

$$K = \left\{ \begin{pmatrix} 1 & a \\ 0 & 1 \end{pmatrix} \mid a \in \mathbb{R} \right\}.$$

   a) Mostre que H e K são subgrupos de $GL_2(\mathbb{R})$.
   b) Algum deles é abeliano?
11. Prove que $S^1 = \{z \in \mathbb{C} \mid |z| = 1\}$ é subgrupo de $(\mathbb{C}^*, \cdot)$.
12. Sejam G um grupo, $H < G$ e $x \in G$ um elemento fixado. Mostre que $xHx = \{x \cdot h \cdot x^{-1} \mid h \in H\}$ é um subgrupo de G.
13. Prove que se H_1 e H_2 são subgrupos de um grupo G, então $H_1 \cap H_2$ também é subgrupo de G.
14. Prove que se H_1 e H_2 são subgrupos de um grupo G, então $H_1 \cup H_2$ é subgrupo de G se, e somente se, $H_i \subset H_j$, onde $i, j \in \{1, 2\}$ e $i \neq j$.
15. Considere os grupos $(\mathbb{Z}, +)$, $(\mathbb{C}^*, \cdot)$ e a aplicação $f : \mathbb{Z} \longrightarrow \mathbb{C}^*$ dada por $f(n) = i^n$.
   a) Prove que f é um homomorfismo de grupos.
   b) Determine $ker(f)$.
   c) Determine $f^{-1}(\{-1, 1\})$.
16. Considere o conjunto $F_{[a,b]}$ de todas as funções reais definidas em um intervalo $[a, b]$. Definimos, nesse conjunto, a seguinte operação soma:

$$(f + g)(x) = f(x) + g(x),$$

para quaisquer $f, g \in F_{[a,b]}$.

a) Prove que $(F_{[a,b]}, +)$ é um grupo abeliano.

b) Sendo $C_{[a,b]} \subset F_{[a,b]}$ o subconjunto das funções reais contínuas no intervalo $[a, b]$, mostre que $C_{[a,b]}$ é um subgrupo de $F_{[a,b]}$.

c) Sendo $D_{[a,b]} \subset F_{[a,b]}$ o subconjunto das funções reais deriváveis no intervalo $[a, b]$, mostre que $D_{[a,b]}$ é um subgrupo de $F_{[a,b]}$.

d) Mostre que a aplicação $\psi : (C_{[a,b]}, +) \longrightarrow (\mathbb{R}, +)$, dada por $\psi(f(x)) = \displaystyle\int_a^b f(x)dx$, é um homomorfismo de grupos.

e) Mostre que a aplicação $\phi : (D_{[a,b]}, +) \longrightarrow (\mathbb{R}, +)$, dada por $\phi(f(x)) = \dfrac{d}{dx} f(x)$, é um homomorfismo de grupos.

17. Seja $f : \mathbb{Z} \times \mathbb{Z} \longrightarrow \mathbb{Z} \times \mathbb{Z}$ dada pela lei $f(x, y) = (x - y, 0)$. Prove que f é um homomorfismo de grupos e obtenha o $ker(f)$.

18. Prove que a aplicação $f : (\mathbb{C}^*, \cdot) \longrightarrow (\mathbb{R}^*_+)$ dada por $f(z) = |z|$ é um epimorfismo. Represente geometricamente o $ker(f)$.

19. Mostre que $(\mathbb{Q}, +)$ e $(\mathbb{Q}^*, \cdot)$ não são isomorfos.

20. Prove que "ser isomorfo" é uma relação de equivalência.

21. Considere

$$G = \{2^m 3^n \mid m, n \in \mathbb{Z}\}$$

e

$$G' = \{m + ni \mid m, n \in \mathbb{Z}\}.$$

a) Prove que G e G' são subgrupos, respectivamente, de $(\mathbb{R}^*, \cdot)$ e $(\mathbb{C}, +)$.

b) Mostre que $G \simeq G'$.

22. Seja a um elemento fixado em um grupo G. Prove que $f : G \longrightarrow G'$, dada por $f(x) = a \cdot x \cdot a^{-1}$ é um isomorfismo de grupos.
23. Dado G um grupo, denote $Aut(G) = \{\varphi : G \longrightarrow G \mid \varphi \text{ é automorfismo}\}$. Prove que $Aut(G)$, munido da composição de funções, é um grupo.

2. Grupos cíclicos e ordem

Neste capítulo, estudaremos grupos cíclicos, que são grupos gerados por um elemento. Além disso, discutiremos classes laterais e o renomado Teorema de Lagrange, que estabelece uma importante relação: para grupos finitos, o número de elementos de qualquer subgrupo é um divisor do número de elementos do grupo. Também apresentaremos algumas implicações especiais derivadas desse teorema.

2.1 Grupos cíclicos

Definição 2.1 Seja $(G,\cdot)$ um grupo e $a \in G$. Definimos o **conjunto dos elementos de** G **gerados por** a como $< a >= \{a^n \in G \mid n \in \mathbb{Z}\}$.

Proposição 2.1 Seja $(G,\cdot)$ um grupo e $a \in G$. Então, $< a >< G$.

Demonstração. De fato, sejam $x, y \in < a >$. Então, $x = a^{n_1}$ e $y = a^{n_2}$, com $n_1, n_2 \in \mathbb{Z}$. Assim,

$$x \cdot y^{-1} = a^{n_1} \cdot (a^{n_2})^{-1} = a^{n_1} \cdot a^{-n_2} = a^{n_1 - n_2} = a^n \in < a >,$$

onde $n = n_1 - n_2 \in \mathbb{Z}$. Portanto, $< a >< G$. ∎

Definição 2.2 Dizemos que um grupo G é **cíclico** se existe $a \in G$ tal que $G =< a >$.

Proposição 2.2 Todo grupo cíclico é abeliano.

Demonstração. Considere $(G, \cdot)$ um grupo cíclico. Então, $G =< a >$, para algum $a \in G$. Considere $x, y \in G$ quaisquer. Então, $x = a^{n_1}$ e $y = a^{n_2}$, com $n_1, n_2 \in \mathbb{Z}$. Assim,

$$x \cdot y = a^{n_1} \cdot a^{n_2} = a^{n_1 + n_2} = a^{n_2 + n_1} = a^{n_2} \cdot a^{n_1} = y \cdot x.$$

Portanto, G é abeliano. ∎

▪ **Exemplo 2.1** Considere $H = \{1, -1, i, -i\}$. Note que $H < \mathbb{C}^*$ com o produto usual dos complexos. Além disso, H é cíclico, pois $H =< i >$. ▪

▪ **Exemplo 2.2** $(\mathbb{Z}, +)$ é cíclico. Basta notar que $\mathbb{Z} =< 1 >$ ou que $\mathbb{Z} =< -1 >$. Na verdade, 1 e -1 são os únicos geradores de $\mathbb{Z}$. Também, o grupo $(\mathbb{Z}_n, \oplus_n)$ é cíclico, uma vez que $\mathbb{Z}_n =< \overline{1} >$. ▪

▪ **Exemplo 2.3** Considere $U_n \subset \mathbb{C}$ o subconjunto das raízes n-ésimas da unidade. Provemos que U_n é um subgrupo cíclico de $(\mathbb{C}^*, \cdot)$, onde $\cdot$ indica o produto usual dos complexos.

1º - $U_n < \mathbb{C}^*$.

Sejam $\alpha, \beta \in U_n$. Então, $\alpha^n = 1$ e $\beta^n = 1$. Assim,

$$(\alpha \cdot \beta^{-1})^n \overset{\mathbb{C}^* \text{ abel.}}{=} \alpha^n \cdot (\beta^{-1})^n = \alpha^n \cdot (\beta^n)^{-1} = 1 \cdot 1 = 1.$$

Portanto, $\alpha \cdot \beta^{-1} \in U_n$ e $U_n < \mathbb{C}^*$.

2º - U_n é cíclico.

Se $\alpha \in U_n$, então $\alpha = z_k = cos\left(\frac{2\pi k}{n}\right) + i\, sen\left(\frac{2\pi k}{n}\right)$, onde $k \in \{0, 1, 2, \ldots, n-1\}$. Observe que $z_1 = cos\left(\frac{2\pi}{n}\right) + i\, sen\left(\frac{2\pi}{n}\right)$ e que $U_n =< z_1 >$, pois $\alpha = z_k = z_1^k = cos\left(\frac{2\pi k}{n}\right) + i\, sen\left(\frac{2\pi k}{n}\right)$.

■

■ **Exemplo 2.4** A recíproca da Proposição 2.2 é falsa. É fácil verificar que $\mathbb{Z}_2 \times \mathbb{Z}_2$, com a operação $+_2'$ dada por $(\overline{a}, \overline{b}) +_2' (\overline{c}, \overline{d}) = (\overline{a} \oplus_2 \overline{c}, \overline{b} \oplus_2 \overline{d})$, $\forall (\overline{a}, \overline{b}), (\overline{c}, \overline{d}) \in \mathbb{Z}_2 \times \mathbb{Z}_2$, é grupo abeliano.

Todavia, $(\mathbb{Z}_2 \times \mathbb{Z}_2, +_2')$ não é cíclico. De fato, para qualquer $(\overline{a}, \overline{b}) \in \mathbb{Z}_2 \times \mathbb{Z}_2$: $(\overline{a}, \overline{b}) +_2' (\overline{a}, \overline{b}) = (\overline{2a}, \overline{2b}) = (\overline{0}, \overline{0})$. Portanto, $(\overline{a}, \overline{b})$ gera apenas ele próprio e o $(\overline{0}, \overline{0})$. ■

Proposição 2.3 Todo subgrupo de um grupo cíclico é cíclico.

Demonstração. Suponha que $G =< a >$ é um grupo cíclico e que $H < G$.

Se $H = \{e\}$, então $H =< e >$ e não há mais o que provar.

Se $H \neq \{e\}$, então existe $x \neq e$ em H. Como $H < G$, para algum $n \in \mathbb{Z}$, $x = a^n \in H$. Assim, $x^{-1} = a^{-n} \in H$. De todo modo, existe uma potência positiva de a que está em H. Tome d o menor inteiro positivo tal que $a^d \in H$. Provemos que $H = < a^d >$.

- $< a^d > \subset H$.
  É direto, pois sabemos que $a^d \in H$. Assim $(a^d)^l \in H, \forall l \in \mathbb{Z}$ e, portanto, $< a^d > \subset H$.
- $H \subset < a^d >$.
  Seja $y \in H$. Como $y \in G = < a >$, então $y = a^k \in H$, com $k \in \mathbb{Z}$. Pelo algoritmo da divisão, dividindo k por d, existem $q, r \in \mathbb{Z}$ tais que $k = qd + r$ com $0 \leq r < d$. Assim:

$$\begin{aligned} a^k \in H &\Longrightarrow a^{qd+r} \in H \Longrightarrow a^{qd} \cdot a^r \in H \\ &\Longrightarrow a^r \in H. \end{aligned}$$

  Mas d é o menor inteiro positivo tal que $a^d \in H$, portanto $r = 0$. Então,

$$y = a^k = (a^d)^q \cdot a^0 = (a^d)^q \in < a^d > .$$

Logo, $H = < a^d >$ é cíclico. ■

2.2 Ordem finita para grupos e elementos

Definição 2.3 Seja G um grupo finito com n elementos. Dizemos que a **ordem de** G é n e denotamos $|G| = n$.

Definição 2.4 Dado um grupo G, dizemos que um elemento $a \in G$ possui **ordem finita** se existir um inteiro positivo m tal que $a^m = e$. A **ordem do elemento** a é o menor inteiro positivo k tal que $a^k = e$. Denotamos $\mathcal{O}(a) = k$.

Exemplo 2.5 No grupo $H = \{1, -1, i, -i\}$, que é cíclico, temos $|H| = 4$. Além disso, $\mathscr{O}(1) = 1$, $\mathscr{O}(-1) = 2$, $\mathscr{O}(i) = 4$ e $\mathscr{O}(-i) = 4$. ■

Exemplo 2.6 O grupo cíclico $(\mathbb{Z}_n, \oplus_n)$ é finito com $|\mathbb{Z}_n| = n$, por outro lado, o grupo cíclico $(\mathbb{Z}, +)$ é infinito e não possui ordem definida. ■

Proposição 2.4 Seja G um grupo finito onde todo elemento possui ordem 2. Então, G é abeliano.

Demonstração. Sejam $a, b \in G$. Então $a^2 = e$, $b^2 = e$ e $(a \cdot b)^2 = e$. Então,

$$\begin{aligned} a \cdot b &= a \cdot e \cdot b = a \cdot (a \cdot b)^2 \cdot b = a \cdot (a \cdot b) \cdot (a \cdot b) \cdot b \\ &= (a \cdot a) \cdot (b \cdot a) \cdot (b \cdot b) = a^2 \cdot (b \cdot a) \cdot b^2 \\ &= e \cdot (b \cdot a) \cdot e = b \cdot a. \end{aligned}$$

Portanto, G é abeliano. ■

Proposição 2.5 Dado um grupo G, considere um elemento $a \in G$ com $\mathscr{O}(a) = k$. Então, $a^m = e$ se, e somente se, $k \mid m$.

Demonstração. ($\Longrightarrow$) Dividindo m por k, pelo algoritmo da divisão, existem $q, r \in \mathbb{Z}$ tais que $m = kq + r$, com $0 \leq r < k$. Provemos que $r = 0$.

$$e = a^m = a^{kq+r} = (a^k)^q \cdot a^r = e^q \cdot a^r = a^r.$$

Então $a^r = e$. Como k é o menor inteiro positivo tal que $a^k = e$, segue que $r = 0$. Portanto, $k \mid m$.

($\Longleftarrow$) Se $k \mid m$, então $m = kq$ com $q \in \mathbb{Z}$. Assim,

$$a^m = a^{kq} = (a^k)^q = e^q = e.$$

■

Proposição 2.6 Dado um grupo G, considere um elemento $a \in G$ com $\mathscr{O}(a) = n$. Então, se d é um inteiro positivo divisor de n, segue que $\mathscr{O}(a^d) = \dfrac{n}{d}$.

Demonstração. De fato, $(a^d)^{\frac{n}{d}} = a^n = e$. Logo, a^d possui ordem finita.

Suponha que $\frac{n}{d}$ não seja a ordem de a^d. Isto é, $\mathscr{O}(a^d) = k$, com $k < \frac{n}{d}$. Então, $(a^d)^k = e$ com $kd < n$ onde k e d são inteiros positivos. Absurdo! Contraria a hipótese de que $\mathscr{O}(a) = n$. Então, $\mathscr{O}(a^d) = \frac{n}{d}$. ■

Proposição 2.7 Dado um grupo G, considere um elemento $a \in G$ com $\mathscr{O}(a) = n$. Seja k um inteiro positivo, então $< a^k > = < a^{mdc(n,k)} >$ e $\mathscr{O}(a^k) = \dfrac{n}{mdc(n,k)}$.

Demonstração. Provemos que $< a^k > = < a^{mdc(n,k)} >$.

- $< a^k > \subset < a^{mdc(n,k)} >$.

  Como $mdc(n,k) \mid k$, então $k = mdc(n,k) \cdot d$, com $d \in \mathbb{Z}$. Assim:

$$\begin{aligned} \alpha \in < a^k > &\Longrightarrow \alpha = (a^k)^x, \quad x \in \mathbb{Z} \\ &\Longrightarrow \alpha = (a^{mdc(n,k)\cdot d})^x \\ &\Longrightarrow \alpha = (a^{mdc(n,k)})^{dx}, \quad dx \in \mathbb{Z} \\ &\Longrightarrow \alpha \in < a^{mdc(n,k)} > . \end{aligned}$$

- $< a^{mdc(n,k)} > \subset < a^k >$.
  Existem $s,t \in \mathbb{Z}$ tais que $ns + tk = mdc(n,k)$. Então:

$$\begin{aligned} \alpha \in < a^{mdc(n,k)} > &\Longrightarrow \alpha = (a^{mdc(n,k)})^x, \quad x \in \mathbb{Z} \\ &\Longrightarrow \alpha = a^{(ns+kt)x} = a^{nsx} \cdot a^{ktx} = (a^n)^{sx} \cdot (a^k)^{tx} \\ &\Longrightarrow \alpha = e^{sx} \cdot (a^k)^{tx} = (a^k)^{tx} \\ &\Longrightarrow \alpha \in < a^k > . \end{aligned}$$

Portanto $< a^k > = < a^{mdc(n,k)} >$. Como consequêcia, tem-se $\mathcal{O}(a^k) = \mathcal{O}(a^{mdc(n,k)})$. Como $mdc(n,k) \mid n$, pela Proposição 2.6, segue que $\mathcal{O}(a^k) = \mathcal{O}(a^{mdc(n,k)}) = \dfrac{n}{mdc(n,k)}$. ■

Corolário 2.8 Dado um grupo G, considere um elemento $a \in G$ com $\mathcal{O}(a) = n$. Então, $< a^i > = < a^j >$ se, e somente se, $mdc(n,i) = mdc(n,j)$.

Demonstração. ($\Longrightarrow$) Pela Proposição 2.7, $\mathcal{O}(a^i) = \dfrac{n}{mdc(n,i)}$ e $\mathcal{O}(a^j) = \dfrac{n}{mdc(n,j)}$. Uma vez que $< a^i > = < a^j >$, temos $\mathcal{O}(a^i) = \mathcal{O}(a^j)$. Então, $\dfrac{n}{mdc(n,i)} = \dfrac{n}{mdc(n,j)}$, o que implica $mdc(n,i) = mdc(n,j)$.
($\Longleftarrow$) Supondo $mdc(n,i) = mdc(n,j)$, temos da Proposição 2.7 que

$$< a^i > = < a^{mdc(n,i)} > = < a^{mdc(n,j)} > = < a^j > .$$

■

Corolário 2.9 Considere $G = < a >$ um grupo cíclico finito gerado por $a \in G$ com $|G| = \mathcal{O}(a) = n$. Então, $G = < a^k >$ se, e somente se, $mdc(n,k) = 1$.

Demonstração. Pelo Corolário 2.8:

$$< a^1 > = < a^k > \Longleftrightarrow mdc(n,1) = mdc(n,k).$$

Como $mdc(n,1) = 1$, segue o resultado. ■

■ **Exemplo 2.7** Provemos que $\mathbb{Z}_n = < \overline{m} >$, com $\overline{m} \in \mathbb{Z}_n$ se, e somente se, $mdc(m,n) = 1$. De fato, $\mathbb{Z}_n = < \overline{1} >$. Também ,$\overline{m} = \overline{1}^m = \underbrace{\overline{1} \oplus_n \ldots \oplus_n \overline{1}}_{m \text{ parcelas}}$. Além disso, $\mathbb{Z}_n$ é cíclico finito de ordem n. Pelo Corolário 2.9:

$$\mathbb{Z}_n = < \overline{1}^m > = < \overline{m} > \Longleftrightarrow mdc(m,n) = 1.$$

■

Proposição 2.10 Considere $f : G \longrightarrow G'$ um homomorfismo de grupos. Se $a \in G$ é tal que $\mathcal{O}(a) = n$, então $\mathcal{O}(f(a)) = k$ com $k \mid n$.

Demonstração. Sabemos que n é o menor natural tal que $a^n = e$. Então:

$$\underbrace{a \cdots a}_{n \text{ parcelas}} = e \Longrightarrow \underbrace{f(a) \cdots f(a)}_{n \text{ parcelas}} = e' \Longrightarrow (f(a))^n = e'$$

Logo, a ordem de $f(a)$ é finita. Suponha $\mathcal{O}(f(a)) = k$, pela Proposição 2.5, segue que $k \mid n$. ■

2.3 Grupos cíclicos e (in)finitude

Nesta seção, estudaremos dois teoremas que nos dizem que um grupo cíclico, se for infinito, será obrigatoriamente isomorfo ao grupo $(\mathbb{Z},+)$, por outro lado, se for finito, será isomorfo à $(\mathbb{Z}_n,\oplus_n)$.

Teorema 2.11 Considere $G=<a>$ um grupo cíclico infinito. Então:
(a) $(G,\cdot)\simeq(\mathbb{Z},+)$;
(b) $G=<a^z>\Longleftrightarrow z\in\{-1,1\}$.

Demonstração. (a) Nesse caso, se $x\in G$, então $x=a^n$ para um único $n\in\mathbb{Z}$. Defina $\phi:G\longrightarrow\mathbb{Z}$ por $\phi(a^i)=i$. Provemos que ϕ é isomorfismo.

- ϕ está bem definida.
  Sejam $x,y\in G$, com $x=y$. Como G é cíclico infinito, $x=a^n$ e $y=a^k$ para únicos $n,k\in\mathbb{Z}$. Em tais condições:

$$x=y\Longrightarrow a^n=a^k\Longrightarrow n=k.$$

- ϕ é homomorfismo.
  Sejam $x=a^i$ e $y=a^j$ em G, onde $i,j\in\mathbb{Z}$. Então,

$$\begin{aligned}\phi(x\cdot y)&=\phi(a^i\cdot a^j)=\phi(a^{i+j})=i+j\\&=\phi(a^i)+\phi(a^j)=\phi(x)+\phi(y).\end{aligned}$$

- ϕ é sobrejetora.
  Seja $k\in\mathbb{Z}$. Basta tomar $a^k\in G$ que teremos $\phi(a^k)=k$.

- ϕ é injetora.

$$\begin{aligned} ker(\phi) &= \{a^l \in G \mid \phi(a^l) = 0\} \\ &= \{a^l \in G \mid l = 0\} \\ &= \{e\}. \end{aligned}$$

Portanto, ϕ é injetora.

Como ϕ é isomorfismo, segue que $(G,\cdot) \simeq (\mathbb{Z},+)$.

(b) Sendo $\phi : G \longrightarrow \mathbb{Z}$ tal que $\phi(a^z) = z$ um isomorfismo, segue que a^z gera G se, e somente se, z gera $\mathbb{Z}$. Sabemos que os únicos geradores de $\mathbb{Z}$ são 1 e -1, portanto, segue o resultado.

■

Teorema 2.12 Considere $G =< a >$ um grupo cíclico finito de ordem n. Então:

(a) $(G,\cdot) \simeq (\mathbb{Z}_n, \oplus_n)$;

(b) $G =< a^z > \Longleftrightarrow mdc(n,z) = 1$.

Demonstração. (a) Nesse caso, $G = \{e, a, a^2, \ldots, a^{n-1}\}$. Considerando $i \in \{0, 1, 2, \ldots, n-1\}$, defina a função $\psi : G \longrightarrow \mathbb{Z}_n$ como $\psi(a^i) = \overline{i}$. Provemos que ψ é isomorfismo.

- ψ está bem definida.

Sejam $x, y \in G$ com $x = y$. Então $x = a^i$ e $y = a^j$, onde $0 \leq i \leq n-1$ e $0 \leq j \leq n-1$. Assim:

$$\begin{aligned} x = y &\Longrightarrow a^i = a^j \\ &\Longrightarrow i \equiv j \ (mod\ n) \\ &\Longrightarrow \overline{i} = \overline{j} \\ &\Longrightarrow \psi(a^i) = \psi(a^j) \\ &\Longrightarrow \psi(x) = \psi(y). \end{aligned}$$

- ψ é homomorfismo.
Sejam $x, y \in G$. Então $x = a^i$ e $y = a^j$, onde $0 \leq i \leq n-1$ e $0 \leq j \leq n-1$. Assim,

$$\begin{aligned}\psi(x \cdot y) &= \psi(a^i \cdot a^j) = \psi(a^{i+j}) = \overline{i+j} = \overline{i} \oplus_n \overline{j} \\ &= \psi(a^i) \oplus_n \psi(a^j) = \psi(x) \oplus_n \psi(y).\end{aligned}$$

- ψ é sobrejetora.
Seja $\overline{k} \in \mathbb{Z}_n$. Se $k \in \{0, 1, \ldots, n-1\}$, então $\psi(a^k) = \overline{k}$. Se $k \notin \{0, 1, \ldots, n-1\}$, seja $l \in \{0, 1, \ldots, n-1\}$ tal que $k \equiv l \ (mod\ n)$. Assim, $\psi(a^l) = \overline{l} = \overline{k}$.
- ψ é injetora.

$$\begin{aligned}ker(\psi) &= \{a^l \in G \mid \psi(a^l) = \overline{0}\} \\ &= \{a^l \in G \mid \overline{l} = \overline{0}\} \\ &= \{a^l \in G \mid l \equiv 0 \ (mod\ n)\} \\ &= \{e\}.\end{aligned}$$

Logo, ψ é injetora.

Portanto, ψ é isomorfismo e $(G, \cdot) \simeq (\mathbb{Z}_n, \oplus_n)$.

(b) Sendo $\psi : G \longrightarrow \mathbb{Z}_n$ tal que $\psi(a^z) = \overline{z}$ um isomorfismo, segue que a^z gera G se, e somente se, $\overline{z}$ gera $\mathbb{Z}_n$. Pelo Exemplo 2.7, segue que $mdc(n, z) = 1$.

■

2.4 Classes laterais

Um dos teoremas mais importantes da álgebra moderna, o Teorema de Lagrange, será demonstrado ainda neste capítulo. Para tanto, precisamos estabelecer um conceito chamado classes laterais. Primeiro, provemos uma proposição que servirá como base da nossa definição.

Proposição 2.13 Considere G um grupo, $H < G$ e $x, y \in G$. Então:

(a) "$x \sim_D y \iff x \cdot y^{-1} \in H$" define uma relação de equivalência e a classe de equivalência de $x \in G$ é dada por $Hx = \{h \cdot x \mid h \in H\}$;

(a) "$x \sim_E y \iff x^{-1} \cdot y \in H$" define uma relação de equivalência e a classe de equivalência de $x \in G$ é dada por $xH = \{x \cdot h \mid h \in H\}$.

Demonstração. Sejam $x, y, z \in G$.

(a)
- Reflexiva:

$$x \sim_D x \iff x \cdot x^{-1} \in H \iff e \in H.$$

  Como $H < G$, temos que $e \in H$ e está provado.
- Simétrica:
  Suponha que $x \sim_D y$. Então, $x \cdot y^{-1} \in H$. Como $H < G$, então $(x \cdot y^{-1})^{-1} \in H$. Assim, $y.x^{-1} \in H$. Portanto, $y \sim_D x$.
- Transitiva:
  Suponha que $x \sim_D y$ e $y \sim_D z$. Então, $x \cdot y^{-1} \in H$ e $y \cdot z^{-1} \in H$. Como $H < G$, segue que $(x \cdot y^{-1}) \cdot (y \cdot z^{-1}) \in H$. Portanto, $x \cdot z^{-1} \in H$, o que implica $x \sim_D z$.

Logo, $\sim_D$ é uma relação de equivalência.

Considere a classe de equivalência de $x \in G$, que é $\overline{x} = \{y \in G \mid y \sim_D x\}$. Assim:

$$\begin{aligned} y \in \overline{x} &\iff y \sim_D x \\ &\iff y \cdot x^{-1} \in H \\ &\iff \exists\, h \in H \mid h = y \cdot x^{-1} \\ &\iff y = h \cdot x \text{ , } h \in H. \end{aligned}$$

Denotando $Hx = \{h \cdot x \mid h \in H\}$, temos que $\overline{x} = Hx$.

(b) Raciocínio análogo ao do item (a).

■

A proposição anterior nos motiva a seguinte definição:

Definição 2.5 Considere G um grupo, $H < G$ e $x \in G$. Definimos:

(a) A **classe lateral de** x **à direita de** H **em** G, por $Hx = \{h \cdot x \mid h \in H\}$;

(b) A **classe lateral de** x **à esquerda de** H **em** G, por $xH = \{x \cdot h \mid h \in H\}$.

Proposição 2.14 Considere G um grupo, $H < G$ e $x, y \in G$. Então:

(a) $Hx = Hy \iff x \cdot y^{-1} \in H$;

(b) $xH = yH \iff x^{-1} \cdot y \in H$.

Demonstração. (a) ($\Longrightarrow$)

$$\begin{aligned} Hx = Hy &\Longrightarrow \exists h_1, h_2 \in H \mid h_1 x = h_2 y \\ &\Longrightarrow x \cdot y^{-1} = h_2 \cdot h_1^{-1} \in H. \end{aligned}$$

($\Longleftarrow$) Supondo que $x \cdot y^{-1} \in H$, provemos que $Hx = Hy$.

- $Hx \subset Hy$.
  Note que:

$$x \cdot y^{-1} \in H \implies \exists h' \in H \mid h' = x \cdot y^{-1}.$$

  Também:

$$\begin{aligned} \alpha \in Hx &\implies \alpha = h \cdot x,\ h \in H \\ &\implies h = \alpha \cdot x^{-1} \in H. \end{aligned}$$

  Uma vez que $H < G$, segue:

$$\begin{aligned} h \cdot h' \in H &\implies (\alpha \cdot x^{-1}) \cdot (x \cdot y^{-1}) \in H \\ &\implies \alpha \cdot y^{-1} \in H \\ &\implies \exists h'' \in H \mid h'' = \alpha \cdot y^{-1} \\ &\implies \alpha = h'' \cdot y,\ h'' \in H \\ &\implies \alpha \in Hy. \end{aligned}$$

- $Hx \subset Hy$ é análogo.

Portanto, $Hx = Hy$.

(b) Procedimento análogo ao do item anterior.

■

Definição 2.6 Seja G um grupo e $H < G$. Definimos o **conjunto de todas as classes laterais** à direita de H em G (ou à esquerda) por $\frac{G}{H} = \{Hx \mid x \in G\}$.

Definição 2.7 Seja G um grupo e $H < G$. A cardinalidade do conjunto $\frac{G}{H}$ é denotada por $(G : H)$ e é chamada de **índice de H em G**.

Em geral, para um dado x em um grupo G, as classes laterais à direta são diferentes das classes laterais à esquerda. Mas podemos estabelecer uma bijeção entre o conjunto de todas as classes à direita com o conjunto de todas as classes à esquerda. Além disso, é possível estabelecer uma bijeção entre as classes laterais de um subgrupo com o próprio subgrupo.

Proposição 2.15 Considere G um grupo e $H < G$. Existe uma bijeção entre:

(a) $\{Hx \mid x \in G\}$ e $\{xH \mid x \in G\}$;

(b) H e Hx, para qualquer $x \in G$.

Demonstração. (a) Defina $f : \{Hx \mid x \in G\} \longrightarrow \{xH \mid x \in G\}$ como $f(Hx) = x^{-1}H$. Provemos que f é bijetora.

- f está bem definida.
  Sejam $Hx, Hy \in \{Hx \mid x \in G\}$ tais que $Hx = Hy$. Então:

$$
\begin{aligned}
Hx = Hy &\Longrightarrow x \cdot y^{-1} \in H \\
&\Longrightarrow (x \cdot y^{-1})^{-1} \in H \\
&\Longrightarrow (y^{-1})^{-1} \cdot x^{-1} \in H \\
&\Longrightarrow y^{-1}H = x^{-1}H \\
&\Longrightarrow f(Hx) = f(Hy).
\end{aligned}
$$

- f é injetora.

Sejam $Hx, Hy \in \{Hx \mid x \in G\}$ tais que $f(Hx) = f(Hy)$. Então:

$$\begin{aligned} f(Hx) = f(Hy) &\Longrightarrow x^{-1}H = y^{-1}H \\ &\Longrightarrow (y^{-1})^{-1} \cdot x^{-1} \in H \\ &\Longrightarrow y \cdot x^{-1} \in H \\ &\Longrightarrow (y \cdot x^{-1})^{-1} \in H \\ &\Longrightarrow x \cdot y^{-1} \in H \\ &\Longrightarrow Hx = Hy. \end{aligned}$$

- f é sobrejetora.
  Dado $yH \in \{xH \mid x \in G\}$. Tome $Hy^{-1} \in \{Hx \mid x \in G\}$ e assim $f(Hy^{-1}) = yH$.

Portanto, f é uma bijeção.

(b) Defina $g : H \longrightarrow Hx$ dada por $g(h) = h \cdot x$. Provemos que g é bijetora.

- g está bem definida.
  Sejam $h_1, h_2 \in H$ tais que $h_1 = h_2$. Então:

$$h_1 = h_2 \Longrightarrow h_1 \cdot x = h_2 \cdot x \Longrightarrow g(h_1) = g(h_2).$$

- g é injetora.
  Sejam $h_1, h_2 \in H$ tais que $g(h_1) = g(h_2)$. Então:

$$g(h_1) = g(h_2) \Longrightarrow h_1 \cdot x = h_2 \cdot x \Longrightarrow h_1 = h_2.$$

- g é sobrejetora.
  Dado $h \cdot x \in Hx$, segue que existe $h \in H$ tal que $g(h) = h \cdot x$. Portanto, g é uma bijeção.

■

Nosso próximo objetivo é estudar um teorema importante que relaciona a ordem de um subgrupo com a ordem do grupo finito que o contém. Para isso, precisaremos utilizar classes laterais. Na teoria, a Proposição 2.15 nos indica que é indiferente usar as classes laterais à esquerda ou à direita, uma vez que os conjuntos quocientes possuem a mesma cardinalidade nos dois casos.

Antes de apresentar o referido teorema, precisamos estabelecer o seguinte resultado:

Lema 2.16 Considere G um grupo e $H < G$. Então G é a união disjunta das classes laterais (à esquerda ou à direita). Em outras palavras, $G = \dot{\bigcup}_{x_i \in G} Hx_i$, onde $Hx_i \cap Hx_j = \emptyset$ se $i \neq j$.

Demonstração.

- $\left(\dot{\bigcup}_{x_i \in G} Hx_i\right) \subset G$ é trivial pela definição de classes laterais.
- $G \subset \left(\dot{\bigcup}_{x_i \in G} Hx_i\right)$.

  Suponha que G não esteja contido em $\dot{\bigcup}_{x_i \in G} Hx_i$.

  Então, existe $g \in G$ tal que $g \notin \dot{\bigcup}_{x_i \in G} Hx_i$. Logo, $g \notin Hx_i$, para todo $x_i \in G$. Todavia, sabemos que $g = e \cdot g \in Hg$, pois $e \in H$. Absurdo!
  Então $G \subset \left(\dot{\bigcup}_{x_i \in G} Hx_i\right)$.

  Portanto, $G = \dot{\bigcup}_{x_i \in G} Hx_i$, onde $Hx_i \cap Hx_j = \emptyset$ se $i \neq j$.

■

2.5 O Teorema de Lagrange

Teorema 2.17 — **Lagrange.** Considere G um grupo finito e $H < G$. Então $|H| \mid |G|$. Mais precisamente, $|G| = (G : H)|H|$.

Demonstração. Suponha $(G : H) = n$. Então, $\frac{G}{H} = \{Hx_1, \cdots, Hx_n\}$, onde $Hx_i \cap Hx_j = \emptyset$ para $i \neq j$. Sendo assim, $G = Hx_1 \dot{\cup} Hx_2 \dot{\cup} \cdots \dot{\cup} Hx_n$, ou seja, $|G| = \#Hx_1 + \cdots + \#Hx_n$, onde $\#A$ indica a cardinalidade do conjunto A. Então, pela Proposição 2.15, $\#Hx_i = |H|, \forall i \in \{1, \cdots, n\}$, assim, $|G| = \underbrace{|H| + \cdots + |H|}_{n \text{ parcelas}} = n|H|$.

Portanto, segue que $|H| \mid |G|$ e que $|G| = n|H|$, isto é, $|G| = (G : H)|H|$. ■

Perceba que o Teorema de Lagrange fornece um resultado muito forte sobre grupos finitos. Ele garante que sendo G um grupo finito, a ordem de qualquer subgrupo de G divide a ordem de G. Uma curiosidade é que, apesar do nome, não é de Lagrange a demonstração que apresentamos. Na época de Lagrange (por volta de 1700 e 1800), a teoria de grupos ainda não estava construída como a conhecemos.

Este teorema permite demonstrar alguns resultados interessantes como consequência. Vejamos alguns a seguir.

Corolário 2.18 Todo grupo finito de ordem prima é cíclico.

Demonstração. Suponha que G seja um grupo com $|G| = p$, onde p é primo. Logo $|G| > 1$ e, assim, existe $x \in G$ com $x \neq e$.

Considere $H = < x >$. Pelo Teorema de Lagrange, $| < x > | \mid |G|$. Como $|G| = p$ é primo, $| < x > | \in \{1, p\}$. Todavia, $| < x > | \neq 1$, pois $x \neq e$. Então $| < x > | = p = |G|$. Como G é finito, $< x > < G$ e $| < x > | = |G|$, então $G = < x >$. Portanto, G é cíclico. ■

Corolário 2.19 Se G é um grupo finito tal que $|G| \leq 5$, então G é abeliano.

Demonstração.

- Se $|G| = 1$, então $G = \{e\}$, que é abeliano.
- Se $|G| \in \{2, 3, 5\}$, então G possui ordem prima. Pelo Corolário 2.18, G é cíclico. Pela Proposição 2.2, G é abeliano.
- Se $|G| = 4$, temos duas possibilidades: G é cíclico ou G não é cíclico.
  Se G é cíclico, pela Proposição 2.2, G é abeliano.
  Se G não é cíclico, provemos que todo elemento de G possui ordem 2. Pela Proposição 2.4, G será abeliano.
  De fato, tome $x \in G$, com $x \neq e$, e considere $< x >$. Pelo Teorema de Lagrange, $| < x > | \mid 4$. Portanto, temos que $| < x > | \in \{1, 2, 4\}$.
  Note que $| < x > | \neq 1$, pois $x \neq e$. Como G não é cíclico, $G \neq < x >$, então $| < x > | \neq 4$. Portanto, temos que $| < x > | = 2$. Então, $< x > = \{e, x\}$ e, assim, $x^2 = 2$.
  Portanto, a ordem de todo $x \neq e$ em G é 2 e segue o resultado.

■

Corolário 2.20 Seja G um grupo finito e $a \in G$. Então, $\mathscr{O}(a) \mid |G|$.

Demonstração. Basta notar que $\mathcal{O}(a) = |<a>|$. Pelo Teorema de Lagrange, $\mathcal{O}(a) \mid |G|$. ■

Corolário 2.21 Seja G um grupo finito e $a \in G$. Então, $a^{|G|} = e$.

Demonstração. Considere $\mathcal{O}(a) = |<a>| = k$. Pelo Teorema de Lagrange, $|G| = (G :< a >)k$. Então,

$$a^{|G|} = a^{(G:<a>)k} = (a^k)^{(G:<a>)} = e^{(G:<a>)} = e.$$

■

Corolário 2.22 — **Pequeno Teorema de Fermat.** Se p é primo e $a \in \mathbb{Z}$, então $a^p \equiv a \ (mod\ p)$.

Demonstração. Se $a = 0$, então $0^p \equiv 0 \ (mod\ p)$.

Se $a \neq 0$, considere $\overline{a} \in \mathbb{Z}_p^* = \mathbb{Z}_p - \{\overline{0}\}$. É conhecido[1] que $(\mathbb{Z}_p^*, \odot_p)$ é grupo cíclico de ordem $p-1$. Considere o subgrupo $<\overline{a}>$.

Pelo Teorema de Lagrange, $|<\overline{a}>| \mid (p-1)$. Então, $p-1 = |<\overline{a}>|m$, com $m \in \mathbb{Z}$. Assim,

$$\overline{a}^{p-1} = \overline{a}^{|<\overline{a}>|m} \overset{Cor.\ 2.21}{=} \overline{1}^m = \overline{1}.$$

Ou seja, $a^{p-1} \equiv 1 \ (mod\ p)$, o que implica $a^p \equiv a \ (mod\ p)$. ■

Corolário 2.23 Considere G um grupo finito com subgrupos K e H tais que $K < H < G$. Então, $(G : K) = (G : H)(H : K)$.

[1]Consequência de $\mathbb{Z}_p$ ser corpo finito. Leia o capítulo 10 para mais detalhes.

Demonstração. Pelo Teorema de Lagrange, $|G| = (G : H)|H|$, $|G| = (G : K)|K|$ e $|H| = (H : K)|K|$. Então:

$$\begin{aligned} &(G:H)|H| = (G:K)|K| \\ &\implies (G:H)(H:K)|K| = (G:K)|K| \\ &\implies (G:K) = (G:H)(H:K). \end{aligned}$$

■

2.6 Exercícios

1. Prove que se $H < G$ então $gH = H$ se, e somente se, $g \in H$.
2. Mostre que se G é um grupo no qual os únicos subgrupos são os triviais, então G é finito e cíclico.
3. Denote $\mathbb{Z}_7^* = \mathbb{Z}_7 - \{\overline{0}\}$. Mostre que $(\mathbb{Z}_7, \odot_7)$ é cíclico.
4. Encontre um grupo de ordem 4 que não é cíclico.
5. Mostre que todo grupo cíclico infinito possui dois, e somente dois, geradores.
6. Seja o grupo $(\mathbb{R}^3, +)$, com a operação dada por
$$(x_1, y_1, z_1) + (x_2, y_2, z_2) = (x_1 + x_2, y_1 + y_2, z_1 + z_2),$$
para quaisquer $(x_1, y_1, z_1), (x_2, y_2, z_2) \in \mathbb{R}^3$. Considere o subconjunto $H = \{(x, y, z) \in \mathbb{R}^3 \mid z = 0\}$.
   a) Prove que $H < \mathbb{R}^3$.
   b) Seja $\alpha \in \mathbb{R}^3$, determine a classe lateral αH.
7. Considere o grupo $(S_3, \circ)$ das permutações de 3 elementos. Sendo $H = \{id, E_3\}$, calcule a classe lateral $E_2 H$.
8. Considere no conjunto $\mathbb{C}$ dos números complexos as raízes 12-ésimas da unidade. Sabemos que o conjunto G dessas raízes é um grupo cíclico.

a) Calcule todos os elementos de G e monte a tábua de operação do grupo.
b) Faça uma representação geométrica no plano de Argand-Gauss de G. Em seguida, na representação feita, destaque um subconjunto H de G que possua o vértice correspondente ao afixo $z = 1$ e outros dois vértices de forma a obter um triângulo equilátero. Mostre que $H < G$.
c) Obtenha um subgrupo K de G de ordem 6. Destaque K na representação geométrica feita.
d) Obtenha todas as classes laterais à esquerda e à direita de H. Determine $(G : H)$.
e) Encontre a ordem de cada elemento de G.

9. Considere o grupo $(\mathbb{Z}_{16}, \oplus_{16})$. Seja $H = <\overline{4}>$. Liste as classes laterais (à esquerda ou à direita - você decide) de G em relação à H.
10. Seja G um grupo de ordem p^n, onde p é primo e $n > 1$ é natural. Mostre que a ordem de um elemento qualquer de G é uma potência de p.
11. Considere G um grupo, H com 28 elementos e K com 65 elementos, ambos subgrupos de G. Mostre que $H \cap K = \{e\}$.
12. Demonstre que todo grupo de ordem 55 contém um elemento de ordem 5 e um elemento de ordem 11.
13. Considere G um grupo finito e H e K subgrupos de G. Defina $H \cdot K = \{h \cdot k \mid h \in H \text{ e } k \in K\}$. Prove que $|H \cdot K| = \dfrac{|H||K|}{|H \cap K|}$.

3. Grupos quocientes e isomorfismos

No capítulo anterior, vimos que para dado x em um grupo G e $H < G$, as classes laterais xH não são necessariamente iguais as Hx. Quando isso ocorre, temos um caso especial. Isso acontece para subgrupos de G que chamaremos de normais. A partir dos subgrupos normais, podemos definir grupos quocientes e trabalhar com os Teoremas do Isomorfismo de Emmy Noether, que são alguns dos resultados mais importantes da Álgebra Moderna.

3.1 Subgrupos normais

Definição 3.1 Considere G um grupo e $H < G$. Dizemos que H é **subgrupo normal** de G, denotado por $H \lhd G$, quando $xHx^{-1} \subset H$, $\forall x \in G$, onde $xHx^{-1} = \{x \cdot h \cdot x^{-1} \mid h \in H\}$.

Vejamos alguns exemplos.

▪ Exemplo 3.1 $\{e\} \triangleleft G$ e $G \triangleleft G$ são os chamados **subgrupos normais triviais** de um grupo G. ▪

▪ Exemplo 3.2 Dado um grupo G, é fato que $Z(G) \triangleleft G$, onde $Z(G)$ é o centro do grupo G.

Já sabemos, do Exemplo 1.14, que $Z(G) < G$. Provemos a normalidade.

Dado $x \in G$, se $\alpha \in xZ(G)x^{-1}$, então $\alpha = x \cdot y \cdot x^{-1}$ com $y \in Z(G)$. Assim, $\alpha = x \cdot x^{-1} \cdot y = y \in Z(G)$. Portanto, $Z(G) \triangleleft G$. ▪

▪ Exemplo 3.3 Provemos que $SL_n(\mathbb{R}) \triangleleft GL_n(\mathbb{R})$.

Sabemos, do Exemplo 1.15, que $SL_n(\mathbb{R}) < GL_n(\mathbb{R})$. Provemos a normalidade.

Dado $A \in GL_n(\mathbb{R})$, se $X \in A\ SL_n(\mathbb{R})\ A^{-1}$, então $X = A \cdot B \cdot A^{-1}$, onde $B \in SL_n(\mathbb{R})$. Assim,

$$det(X) = det(A) \cdot det(B) \cdot \frac{1}{det(A)} = det(B) = 1.$$

Portanto, $A\ SL_n(\mathbb{R})\ A^{-1} \subset SL_n(\mathbb{R})$, $\forall A \in GL_n(\mathbb{R})$ e, assim, $SL_n(\mathbb{R}) \triangleleft GL_n(\mathbb{R})$. ▪

O próximo resultado nos traz importantes equivalências sobre subgrupos normais.

Proposição 3.1 Considere G um grupo e $H < G$. São equivalentes:

(a) $H \triangleleft G$;
(b) $xHx^{-1} = H$, $\forall x \in G$;
(c) $xH = Hx$, $\forall x \in G$;
(d) $(xH) \cdot (yH) = (xy)H$, $\forall x, y \in G$.

Demonstração. $(a) \Longrightarrow (b)$.

Dado $x \in G$, sabemos que $xHx^{-1} \subset H$. Provemos que $H \subset xHx^{-1}$. Tome $\alpha \in H$, assim,

$$\begin{aligned}\alpha &= x \cdot x^{-1} \cdot \alpha \cdot x \cdot x^{-1} \\ &= x \cdot (x^{-1} \cdot \alpha \cdot x) \cdot x^{-1} \in xHx^{-1},\end{aligned}$$

pois $x^{-1} \cdot \alpha \cdot x \in H \triangleleft G$. Logo, $H \subset xHx^{-1}$. Portanto, $xHx^{-1} = H$, $\forall x \in G$.

$(b) \Longrightarrow (c)$.

Suponha $xHx^{-1} = H$, $\forall x \in G$.

- $xH \subset Hx$.

$$\begin{aligned}\alpha \in xH &\Longrightarrow \alpha = x \cdot h, \text{ onde } h \in H \\ &\Longrightarrow \alpha \cdot x^{-1} = x \cdot h \cdot x^{-1} \in xHx^{-1} = H \\ &\Longrightarrow \alpha \cdot x^{-1} = h', \text{ onde } h' \in H \\ &\Longrightarrow \alpha = h' \cdot x, \text{ com } h' \in H \\ &\Longrightarrow \alpha \in Hx.\end{aligned}$$

- $Hx \subset xH$ se prova de forma análoga.

Portanto, $xH = Hx$, $\forall x \in G$.

$(c) \Longrightarrow (d)$.

Lembremos que

$$(xH) \cdot (yH) = \{u \cdot v \mid u \in xH \text{ e } v \in yH\}.$$

- $(xH) \cdot (yH) \subset (xy)H$.

$$\begin{aligned}\alpha \in (xH) \cdot (yH) &\Longrightarrow \alpha = (x \cdot h_1) \cdot (y \cdot h_2),\ h_1, h_2 \in H \\ &\Longrightarrow \alpha = x \cdot (h_1 \cdot y) \cdot h_2,\ h_1, h_2 \in H \\ &\overset{yH=Hy}{\Longrightarrow} \alpha = x \cdot (y \cdot h_3) \cdot h_2,\ h_2, h_3 \in H \\ &\Longrightarrow x \cdot y \cdot (h_3 \cdot h_2) \in (xy)H,\ h_3 \cdot h_2 \in H.\end{aligned}$$

- $(xy)H \subset (xH) \cdot (yH)$.

$$\begin{aligned} \alpha \in (xy)H &\Longrightarrow \alpha = x \cdot y \cdot h, \ h \in H \\ &\Longrightarrow \alpha = (x \cdot e) \cdot (y \cdot h), \ e, h \in H \\ &\Longrightarrow \alpha \in (xH) \cdot (yH). \end{aligned}$$

Portanto, $(xH) \cdot (yH) = (xy)H$, $\forall x, y \in G$.
$(d) \Longrightarrow (a)$.
Supondo que $(xH) \cdot (yH) = (xy)H$, $\forall x, y \in G$, provemos que $xHx^{-1} \subset H$.

$$\begin{aligned} \alpha \in xHx^{-1} &\Longrightarrow \alpha = x \cdot h \cdot x^{-1}, \ h \in H \\ &\Longrightarrow \alpha = (x \cdot h) \cdot (x^{-1} \cdot e), \ e, h \in H \\ &\Longrightarrow \alpha \in (xH) \cdot (x^{-1}H) = (xx^{-1})H = H \\ &\Longrightarrow \alpha \in H. \end{aligned}$$

Logo, $H \triangleleft G$. ∎

Como consequência, iremos demonstrar que todo subgrupo de grupo abeliano é normal.

Corolário 3.2 Se G é grupo abeliano e $H < G$, então $H \triangleleft G$.

Demonstração. Dado $x \in G$, $xH = \{x \cdot h \mid h \in H\} \overset{G \text{ abel.}}{=} \{h \cdot x \mid h \in H\} = Hx$. Portanto, $H \triangleleft G$. ∎

Outro resultado interessante é que qualquer subgrupo cujo índice em relação ao grupo seja 2 é um subgrupo normal.

Corolário 3.3 Seja G um grupo. Qualquer subgrupo $H < G$ com $(G : H) = 2$ é um subgrupo normal de G.

Demonstração. Seja $a \in G$. Se $a \in H$, então $aH = H = Ha$.

Se $a \notin H$, como $(G : H) = 2$, temos $\frac{G}{H} = \{H, Ha\} = \{H, aH\}$, o que implica, $aH = Ha$.

De todo modo, $aH = Ha$, $\forall a \in G$. Portanto, $H \lhd G$. ■

3.2 Grupos quocientes

Considere G um grupo e $H \lhd G$. Note, da Proposição 3.1, que $(aH) \cdot (bH) = (ab)H$, onde $aH, bH, (ab)H \in \frac{G}{H}$, define uma operação em $\frac{G}{H}$. Mais do que isso, com essa operação, o conjunto quociente $\frac{G}{H}$ possui estrutura de grupo. Tal grupo é chamado de **grupo quociente** de G por H.

Proposição 3.4 Considere G um grupo e $H \lhd G$. Então, $\left(\frac{G}{H}, \cdot\right)$ é grupo, onde a operação $\cdot$ é dada por

$(aH) \cdot (bH) = (ab)H$, $\forall aH, bH \in \frac{G}{H}$.

Demonstração. (i) Sejam $aH, bH, cH \in \frac{G}{H}$.

$$\begin{aligned}((aH) \cdot (bH)) \cdot (cH) &= (ab)H \cdot (cH) \\ &= ((ab)c)H \\ &= (a(bc))H \\ &= (aH) \cdot (bc)H \\ &= (aH) \cdot ((bH) \cdot (cH)).\end{aligned}$$

(ii) Sendo e o neutro de G, segue que eH é o neutro de $\frac{G}{H}$, pois

$$(eH)\cdot(aH) = (ea)H = aH$$

e

$$(aH)\cdot(eH) = (ae)H = aH,\ \forall aH \in \frac{G}{H}.$$

(iii) Dado $aH \in \frac{G}{H}$, então $a^{-1}H \in \frac{G}{H}$ é seu simétrico, pois

$$(aH)\cdot(a^{-1}H) = (aa^{-1})H = eH = H$$

e

$$(a^{-1}H)\cdot(aH) = (a^{-1}a)H = eH = H.$$

Logo, $\frac{G}{H}$ possui estrutura de grupo com a operação indicada. ■

Proposição 3.5 Considere G grupo e $H \lhd G$.

(a) Se G é abeliano, então $\frac{G}{H}$ é abeliano;

(b) Se G é cíclico, então $\frac{G}{H}$ é cíclico.

Demonstração. (a) Sejam $aH, bH \in \frac{G}{H}$. Então,

$$(aH)\cdot(bH) = (ab)H \overset{G \text{ abel.}}{=} (ba)H = (bH)\cdot(aH).$$

Portanto, $\frac{G}{H}$ é abeliano.

(b) Suponha $G =< a >$, com $a \in G$. Seja $\alpha \in \frac{G}{H}$ qualquer. Assim, $\alpha \in xH$, para algum $x \in G$, o que implica que $\alpha = x \cdot h$, com $x \in G$ e $h \in H$.
Como $x \in G =< a >$, então $x \in a^n$, com $n \in \mathbb{Z}$. Então:

$$\alpha = a^n \cdot h,\ h \in H \implies \alpha \in a^n H = (aH)^n.$$

Logo, se $G =< a >$, então $\frac{G}{H} =< aH >$. Portanto, $\frac{G}{H}$ é cíclico.

■

Proposição 3.6 Considere G um grupo e $Z(G) \lhd G$, seu centro. Se $\frac{G}{Z(G)}$ é cíclico, então G é abeliano.

Demonstração. Se $\frac{G}{Z(G)}$ é cíclico, então
$\frac{G}{Z(G)} =< aZ(G) >= \{a^n Z(G) \mid n \in \mathbb{Z}\}$, para algum
$aZ(G) \in \frac{G}{Z(G)}$.

Sejam $b, c \in G$ quaisquer. Então, $bZ(G) = a^k Z(G)$ e $cZ(G) = a^l Z(G)$, com $k, l \in \mathbb{Z}$. Assim, $b \cdot g_1 = a^k \cdot g_2$ e $c \cdot g_3 = a^l \cdot g_4$, com $g_1, g_2, g_3, g_4 \in Z(G)$. Ou seja, $b = a^k \cdot g_2 \cdot g_1^{-1}$ e $c = a^l \cdot g_4 \cdot g_3^{-1}$. Note que $g_2 \cdot g_1^{-1}, g_4 \cdot g_3^{-1} \in Z(G)$, denote-os por g e g', respectivamente. Assim, $b = a^k \cdot g$ e $c = a^l \cdot g'$, com $g, g' \in Z(G)$. Então,

$$\begin{aligned} b \cdot c &= a^k \cdot g \cdot a^l \cdot g' = g \cdot a^k \cdot a^l \cdot g' = g \cdot a^{k+l} \cdot g' \\ &= g \cdot a^{l+k} \cdot g' = g \cdot a^l \cdot a^k \cdot g' = a^l \cdot g \cdot g' \cdot a^k \\ &= a^l \cdot g' \cdot g \cdot a^k = a^l \cdot g' \cdot a^k \cdot g = c \cdot b. \end{aligned}$$

Portanto, G é abeliano. ■

Corolário 3.7 Seja G um grupo e $Z(G) \lhd G$ o seu centro. Então $(G : Z(G))$ não pode ser um número primo.

Demonstração. Se $(G : Z(G))$ é primo, então $\dfrac{G}{Z(G)}$ é grupo de ordem prima, portanto, cíclico.

Da Proposição 3.6, G é abeliano. Mas, se G é abeliano, $G = Z(G)$, e, nesse caso, $(G : Z(G)) = 1$, que não é primo. Contradição!

Portanto, $(G : Z(G))$ não pode ser primo. ■

3.3 Teoremas do Isomorfismo para grupos

Nesta seção, estudaremos uma sucessão de resultados sobre isomorfismos de grupos. Tais resultados são conhecidos como os Teoremas do Isomorfismo e foram formulados por Emmy Noether (1882-1935), uma matemática alemã que fez contribuições significativas para diversos campos da álgebra, em especial na teoria de grupos. Os teoremas de Noether sobre isomorfismos de grupos basicamente descrevem a relação entre subgrupos normais, grupos quocientes e homomorfismos, revelando suas sutis equivalências subjacentes.

Para introduzir o que denominaremos neste livro como 1º Teorema do Isomorfismo, primeiro, precisamos estabelecer o seguinte resultado:

Lema 3.8 Considere G um grupo e $H \lhd G$. Então, a aplicação $\pi : G \longrightarrow \dfrac{G}{H}$, dada por $\pi(g) = gH$, é um epimorfismo.

Demonstração. Sejam $g_1, g_2 \in G$.

$$\pi(g_1 \cdot g_2) = (g_1 g_2)H = (g_1 H) \cdot (g_2 H) = \pi(g_1) \cdot \pi(g_2),$$

o que nos diz que π é um homomorfismo. Agora, note que π também é sobrejetor, pois dado $gH \in \dfrac{G}{H}$, basta tomar $g \in G$ e, assim, $\pi(g) = gH$. ■

O epimorfismo definido no Lema 3.8 é conhecido como **aplicação canônica**. Agora, temos condições para demonstrar nosso primeiro resultado sobre isomorfismos desta seção.

Teorema 3.9 — 1º Teorema do Isomorfismo. Considere $f : G \longrightarrow G'$ um epimorfismo de grupos. Então,

$$\frac{G}{ker(f)} \simeq G'.$$

Demonstração. Encontraremos $\varphi : \dfrac{G}{ker(f)} \longrightarrow G'$ que seja um isomorfismo.

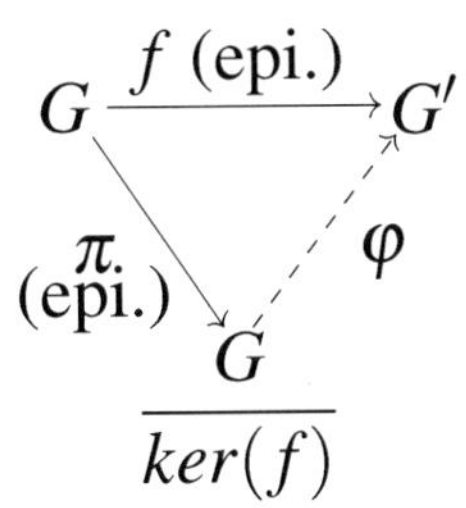

Considere $\pi : G \longrightarrow \dfrac{G}{ker(f)}$ a aplicação canônica. Denote $(G, *)$, $(G', \diamond)$ e $\left(\dfrac{G}{ker(f)}, \cdot\right)$.

Defina $\varphi : \dfrac{G}{ker(f)} \longrightarrow G'$ como $\varphi(g\, ker(f)) = f(g)$.

- φ está bem definida.
  Dados $g_1\, ker(f), g_2\, ker(f) \in \dfrac{G}{ker(f)}$ com
  $g_1\, ker(f) = g_2\, ker(f)$, temos:

$$
\begin{aligned}
g_1^{-1} * g_2 \in ker(f) &\Longrightarrow f(g_1^{-1} * g_2) = e' \\
&\Longrightarrow (f(g_1))^{-1} \diamond f(g_2) = e' \\
&\Longrightarrow f(g_1) = f(g_2) \\
&\Longrightarrow \varphi(g_1\, ker(f)) = \varphi(g_2\, ker(f)).
\end{aligned}
$$

- φ é homomorfismo.
  Dados $g_1\, ker(f), g_2\, ker(f) \in \dfrac{G}{ker(f)}$,

$$
\begin{aligned}
&\varphi((g_1\, ker(f)) \cdot (g_2\, ker(f))) = \varphi((g_1 * g_2)\, ker(f)) \\
&= f(g_1 * g_2) \\
&= f(g_1) \diamond f(g_2) \\
&= \varphi(g_1\, ker(f)) \diamond \varphi(g_2\, ker(f)).
\end{aligned}
$$

- φ é sobrejetora.
  Seja $g' \in G'$. Como f é sobrejetora, então $g' = f(g)$ para algum $g \in G$. Tomamos $\pi(g) = g\, ker(f) \in \dfrac{G}{ker(f)}$ e, assim, segue que $\varphi(g\, ker(f)) = f(g) = g'$. Portanto, φ é sobrejetora.
- φ é injetora.

$$
\begin{aligned}
ker(\varphi) &= \left\{ g\,ker(f) \in \frac{G}{ker(f)} \mid \varphi(g\,ker(f)) = e' \right\} \\
&= \left\{ g\,ker(f) \in \frac{G}{ker(f)} \mid f(g) = e' \right\} \\
&= \{ g\,ker(f) \mid g \in ker(f) \} \\
&= \{ ker(f) \}.
\end{aligned}
$$

Sabemos que $ker(f)$ é o neutro de $\dfrac{G}{ker(f)}$, portanto, φ é injetora.

Logo, φ é um isomorfismo, ou seja, $\dfrac{G}{ker(f)} \simeq G'$. ■

Podemos considerar um outro enunciado deste 1º Teorema do Isomorfismo da seguinte forma: "Seja $f : G \longrightarrow G'$ um homomorfismo de grupos. Então $\dfrac{G}{ker(f)} \simeq f(G)$". Não há necessidade de demonstração dessa versão, pois basta observar que toda função é sobrejetora sobre a sua imagem. Assim, temos uma consequência direta da versão que já provamos.

A seguir apresentaremos exemplos de aplicação do 1º Teorema do Isomorfismo.

Exemplo 3.4 Provemos que $\dfrac{\mathbb{Z}}{n\mathbb{Z}} \simeq \mathbb{Z}_n$, onde $n\mathbb{Z} = \{kn \mid k \in \mathbb{Z}\}$.

Considere $(\mathbb{Z}, +)$ e $(\mathbb{Z}_n, \oplus_n)$. Definimos $f : \mathbb{Z} \longrightarrow \mathbb{Z}_n$ por $f(a) = \overline{a}$. Mostremos que f é epimorfismo.

- f está bem definida.

  Dados $a, b \in \mathbb{Z}$ com $a = b$, temos:

$$a = b \implies \overline{a} = \overline{b} \implies f(a) = f(b).$$

- f é homomorfismo.
  Dados $a, b \in \mathbb{Z}$,

$$f(a+b) = \overline{a+b} = \overline{a} \oplus_n \overline{b} = f(a) \oplus_n f(b).$$

- f é sobrejetora.
  Seja $\overline{y} \in \mathbb{Z}_n$, neste caso $y \in \mathbb{Z}$ e $f(y) = \overline{y} \in \mathbb{Z}_n$.

Portanto, f é epimorfismo. Segue do 1º Teorema do Isomorfismo que $\dfrac{\mathbb{Z}}{ker(f)} \simeq \mathbb{Z}_n$. Calculemos $ker(f)$.

$$\begin{aligned} ker(f) &= \{x \in \mathbb{Z} \mid f(x) = \overline{0}\} = \{x \in \mathbb{Z} \mid \overline{x} = \overline{0}\} \\ &= \{x = kn \mid k \in \mathbb{Z}\} = n\mathbb{Z}. \end{aligned}$$

Portanto, $\dfrac{\mathbb{Z}}{n\mathbb{Z}} \simeq \mathbb{Z}_n$. ∎

▪ **Exemplo 3.5** Provemos que $\dfrac{\mathbb{R}}{\mathbb{Z}} \simeq S^1$, onde $S^1 = \{z \in \mathbb{C} \mid |z| = 1\}$.

Considere $(\mathbb{R}, +)$ e $(S^1, \cdot)$. Defina $f : \mathbb{R} \longrightarrow S^1$ como $f(t) = e^{2\pi it}$. Provemos que f é epimorfismo.

- f está bem definida.
  Dados $s, t \in \mathbb{R}$ com $s = t$, temos:

$$\begin{aligned} s = t \implies 2\pi is = 2\pi it &\implies e^{2\pi is} = e^{2\pi it} \\ &\implies f(s) = f(t). \end{aligned}$$

- f é homomorfismo.
  Dados $s, t \in \mathbb{R}$,

$$f(t+s) = e^{2\pi i(t+s)} = e^{2\pi it} \cdot e^{2\pi is} = f(t) \cdot f(s).$$

- f é sobrejetora.

Seja $z \in S^1$. Então $z = a + b\ i$, onde $a^2 + b^2 = 1$. Daí, existe $\alpha \in \mathbb{R}$ tal que $\cos(\alpha) = a$ e $\sin(\alpha) = b$. Tomando $t = \dfrac{\alpha}{2\pi} \in \mathbb{R}$, temos

$$\begin{aligned} f(t) &= e^{2\pi i t} = e^{2\pi i \frac{\alpha}{2\pi}} = e^{\alpha i} = \cos(\alpha) + i\ \sin(\alpha) \\ &= a + b\ i = z. \end{aligned}$$

Portanto, f é epimorfismo. Pelo 1º Teorema do Isomorfismo, $\dfrac{\mathbb{R}}{ker(f)} \simeq S^1$. Calculemos $ker(f)$.

$$\begin{aligned} ker(f) &= \{t \in \mathbb{R} \mid f(t) = 1\} \\ &= \{t \in \mathbb{R} \mid e^{2\pi i t} = 1\} \\ &= \{t \in \mathbb{R} \mid \cos(2\pi t) + i\ \sin(2\pi t) = 1\} \\ &= \{t \in \mathbb{R} \mid \cos(2\pi t) = 1 \text{ e } + \sin(2\pi t) = 0\} \\ &= \mathbb{Z}. \end{aligned}$$

Portanto, $\dfrac{\mathbb{R}}{\mathbb{Z}} \simeq S^1$. ∎

O que chamamos de 2º Teorema do Isomorfismo é um resultado que envolve o quociente entre grupos quocientes. Para demonstrá-lo, utilizaremos o 1º Teorema.

Teorema 3.10 — **2º Teorema do Isomorfismo.** Seja G um grupo e K e H subgrupos normais de G com $K \subset H$. Então, $\dfrac{\frac{G}{K}}{\frac{H}{K}} \simeq \dfrac{G}{H}$.

Demonstração. Considere $f : \dfrac{G}{K} \longrightarrow \dfrac{G}{H}$, dada por $f(xK) = xH$. Provemos que f é epimorfismo. Denote $(G, *)$,

$\left(\frac{G}{K},\cdot\right)$ e $\left(\frac{G}{H},\cdot'\right)$.

- f está bem definida.

  Dados $xK, yK \in \frac{G}{K}$ com $xK = yK$, temos:

$$\begin{aligned} xK = yK &\Longrightarrow x^{-1} * y \in K \overset{K \subset H}{\Longrightarrow} x^{-1} * y \in H \\ &\Longrightarrow xH = yH \Longrightarrow f(xK) = f(yK). \end{aligned}$$

- f é homomorfismo.

  Dados $xK, yK \in \frac{G}{K}$,

$$\begin{aligned} f((xK)\cdot(yK)) = f((x*y)K) &= (x*y)H = (xH)\cdot'(yH) \\ &= f(xK)\cdot' f(yK). \end{aligned}$$

- f é sobrejetora.

  Para todo $yH \in \frac{G}{H}$, temos $yK \in \frac{G}{K}$ e $f(yK) = yH$.

Portanto, f é um epimorfismo. Pelo 1º Teorema do Isomorfismo, $\frac{\frac{G}{K}}{ker(f)} \simeq \frac{G}{H}$. Calculemos $ker(f)$:

$$\begin{aligned} ker(f) &= \left\{ xK \in \frac{G}{K} \mid f(xK) = H \right\} = \{xK \mid xH = H\} \\ &= \{xK \mid x \in H\} = \frac{H}{K}. \end{aligned}$$

Portanto, $\frac{\frac{G}{K}}{\frac{H}{K}} \simeq \frac{G}{H}$. ■

▪ **Exemplo 3.6** Dados x e y inteiros positivos tais que $x \mid y$, sabendo que $y\mathbb{Z} \subset x\mathbb{Z}$ e que $\left|\frac{\mathbb{Z}}{x\mathbb{Z}}\right| = x$ e $\left|\frac{\mathbb{Z}}{y\mathbb{Z}}\right| = y$, calculemos $\left|\frac{x\mathbb{Z}}{y\mathbb{Z}}\right|$.

Pelo 2º Teorema do Isomorfismo, $\dfrac{\mathbb{Z}}{x\mathbb{Z}} \simeq \dfrac{\frac{\mathbb{Z}}{y\mathbb{Z}}}{\frac{x\mathbb{Z}}{y\mathbb{Z}}}$. Passando o problema para as ordens, segue que:

$$\left|\frac{\mathbb{Z}}{x\mathbb{Z}}\right| = \frac{\left|\frac{\mathbb{Z}}{y\mathbb{Z}}\right|}{\left|\frac{x\mathbb{Z}}{y\mathbb{Z}}\right|} \implies x = \frac{y}{\left|\frac{x\mathbb{Z}}{y\mathbb{Z}}\right|} \implies \left|\frac{x\mathbb{Z}}{y\mathbb{Z}}\right| = \frac{y}{x}.$$

Portanto, $\left|\dfrac{x\mathbb{Z}}{y\mathbb{Z}}\right| = \dfrac{y}{x}$. ∎

Assim como o 2º Teorema do Isomorfismo, o 3º Teorema será demonstrado neste livro como consequência do 1º. Mas, antes de prová-lo, para que ela faça sentido, apresentaremos o seguinte lema.

Lema 3.11 Considere $(G,*)$ um grupo, $S < G$ e $T \lhd G$. Então:

(a) $S*T = \{s*t \mid s \in S \text{ e } t \in T\} < G$;

(b) $T \lhd S*T$.

Demonstração. (a) Dados $\alpha, \beta \in S*T$, segue que $\alpha = s_1 * t_1$ e $\beta = s_2 * t_2$, com $s_1, s_2 \in S$ e $t_1, t_2 \in T$. Desse modo,

$$\begin{aligned}
\alpha * \beta^{-1} &= s_1 * t_1 * (s_2 * t_2)^{-1} \\
&= s_1 * \underbrace{t_1 * t_2^{-1}}_{\in T} * s_2^{-1} = s_1 * t * s_2^{-1} \\
&= (s_1 * t) * (s_2^{-1} * e) \in (s_1 * s_2^{-1})T \subset S*T,
\end{aligned}$$

onde $t = t_1 * t_2^{-1} \in T$. Portanto, $S*T < G$.

(b) • $T < S*T$.

Dados $t_1, t_2 \in T$, como $t_1 \cdot t_2^{-1} \in T \subset S * T$, segue que $T < S * T$.

- $T \lhd S * T$.
Dados $s * t \in S * T$, provemos que $(s * t)T(t^{-1} * s^{-1}) \subset T$, $\forall s * t \in S * T$.

$$\begin{aligned} &\alpha \in (s*t)T(t^{-1}*s^{-1}) \\ &\Longrightarrow \alpha = s*t*y*t^{-1}*s^{-1},\ y \in T \\ &\Longrightarrow \alpha = s*t'*s^{-1},\ \text{onde } t' = t*y*t^{-1} \in T \\ &\Longrightarrow \alpha \in sTs^{-1} \overset{T\lhd G}{\subset} T. \end{aligned}$$

Logo, $(s * t)T(t^{-1} * s^{-1}) \subset T$, $\forall s * t \in S * T$, ou seja, $T \lhd S * T$.

■

Agora, segue o teorema esperado.

Teorema 3.12 — 3º Teorema do Isomorfismo. Seja $(G, *)$ um grupo, $S < G$ e $T \lhd G$. Então, $\dfrac{S}{S \cap T} \simeq \dfrac{S * T}{T}$.

Demonstração. Denote $\left(\dfrac{S * T}{T}, \cdot\right)$. Defina $f : S \longrightarrow \dfrac{S * T}{T}$ como $f(s) = sT$. Provemos que f é epimorfismo.

- f está bem definida.
Dados $s_1, s_2 \in S$ com $s_1 = s_2$, então:

$$s_1 = s_2 \Longrightarrow s_1T = s_2T \Longrightarrow f(s_1) = f(s_2).$$

- f é homomorfismo.
Dados $s_1, s_2 \in S$

$$\begin{aligned} f(s_1 * s_2) &= (s_1 * s_2)T = (s_1T) \cdot (s_2T) \\ &= f(s_1) \cdot f(s_2). \end{aligned}$$

- f é sobrejetora.
  Dado $(s*t)T \in \frac{S*T}{T}$, note que, como $t \in T$, temos $(s*t)T = sT$. Desse modo, existe $s \in S$ tal que $f(s) = sT = (s*t)T$.

Portanto, f é epimorfismo. Pelo 1º Teorema do Isomorfismo, $\frac{S}{ker(f)} \simeq \frac{S*T}{T}$. Calculemos $ker(f)$.

$$\begin{aligned} ker(f) &= \{x \in S \mid f(x) = T\} = \{x \in S \mid xT = T\} \\ &= \{x \in S \mid x \in T\} = S \cap T. \end{aligned}$$

Portanto, $\frac{S}{S \cap T} \simeq \frac{S*T}{T}$. ■

▪ **Exemplo 3.7** Provemos que dados dois inteiros positivos não nulos a e b, então $mdc(a,b)mmc(a,b) = ab$.

Pelo 3º Teorema do Isomorfismo, $\frac{a\mathbb{Z}}{a\mathbb{Z} \cap b\mathbb{Z}} \simeq \frac{a\mathbb{Z} + b\mathbb{Z}}{b\mathbb{Z}}$. Note que $a\mathbb{Z} + b\mathbb{Z} = mdc(a,b)\mathbb{Z}$ e $a\mathbb{Z} \cap b\mathbb{Z} = mmc(a,b)\mathbb{Z}$. Então:

$$\begin{aligned} & \frac{a\mathbb{Z}}{mmc(a,b)\mathbb{Z}} = \frac{mdc(a,b)\mathbb{Z}}{b\mathbb{Z}} \\ \Longrightarrow & \left|\frac{a\mathbb{Z}}{mmc(a,b)\mathbb{Z}}\right| = \left|\frac{mdc(a,b)\mathbb{Z}}{b\mathbb{Z}}\right| \\ \overset{Ex.3.6}{\Longrightarrow} & \frac{mmc(a,b)}{a} = \frac{b}{mdc(a,b)} \end{aligned}$$

Portanto, $mdc(a,b)mmc(a,b) = ab$. ▪

No Exemplo 3.7, para provar que $a\mathbb{Z} + b\mathbb{Z} = mdc(a,b)\mathbb{Z}$, basta usar a identidade de Bezout. Veja:

- $a\mathbb{Z}+b\mathbb{Z} \subset mdc(a,b)\mathbb{Z}$.

$$\alpha \in a\mathbb{Z}+b\mathbb{Z} \Longrightarrow \alpha = ax+by, \text{ onde } x,y \in \mathbb{Z}.$$

Como $mdc(a,b) \mid a$ e $mdc(a,b) \mid b$, então $mdc(a,b) \mid \alpha$. Assim, $\alpha = mdc(a,b)m$, com $m \in \mathbb{Z}$, ou seja, $\alpha \in mdc(a,b)\mathbb{Z}$.

- $mdc(a,b)\mathbb{Z} \subset a\mathbb{Z}+b\mathbb{Z}$.

$$\alpha \in mdc(a,b)\mathbb{Z} \Longrightarrow \alpha = mdc(a,b)m, \text{ com } m \in \mathbb{Z}$$
$$\overset{Bezout}{\Longrightarrow} \alpha = (ax_0+by_0)m, \text{ com } x_0,y_0,m \in \mathbb{Z}$$
$$\Longrightarrow \alpha = ax_1+by_1, \text{ onde } x_1 = x_0m, y_1 = y_0m \in \mathbb{Z}$$
$$\Longrightarrow \alpha \in a\mathbb{Z}+b\mathbb{Z}.$$

A igualdade $a\mathbb{Z} \cap b\mathbb{Z} = mmc(a,b)\mathbb{Z}$ se justifica de forma semelhante. O leitor pode demonstrá-la como exercício.

3.4 Exercícios

1. Considere $G = (\mathbb{Z}_{12}, \oplus_{12})$ e $H = \{\overline{0}, \overline{4}, \overline{8}\}$.
   a) Prove que $H \lhd G$.
   b) Monte a tábua de operação do grupo quociente $\dfrac{G}{H}$, apresente o elemento neutro e o simétrico de cada elemento desse grupo.
2. Mostre que a intersecção de subgrupos normais é um subgrupo normal.
3. Seja $G =< a >$ um grupo cíclico com ordem 6. Considere $H =< a^2 >$.
   a) Prove que $H \lhd G$.
   b) Construa a tábua de operação do grupo quociente $\dfrac{G}{H}$.

4. Sejam G_1 e G_2 dois grupos e considere o produto cartesiano $G_1 \times G_2 = \{(a,b) \mid a \in G_1 \text{ e } b \in G_2\}$, com a operação $*$ dada por

$$(a,b) * (c,d) = (a \cdot c, b \cdot d),$$

onde $(a,b),(c,d) \in G_1 \times G_2$.
   a) Mostre que $G_1 \times G_2$ é um grupo.
   b) Mostre que

   $$N = \{(a,e_2) \mid a \in G_1 \text{ e } e_2 \text{ é o neutro de } G_2\}$$

   é subgrupo normal de $G_1 \times G_2$.
   c) Prove que $\dfrac{G_1 \times G_2}{N} \simeq G_2$.
5. Prove que $\dfrac{\mathbb{R}^*}{\mathbb{R}_+} \simeq \{-1,1\}$.
6. Prove que $\dfrac{GL_2(\mathbb{R})}{SL_2(\mathbb{R})} \simeq \mathbb{R}^*$.
7. Prove que $\dfrac{M_2(\mathbb{Z})}{M_2(n\mathbb{Z})} \simeq M_2(\mathbb{Z}_n)$.
8. Prove que $\dfrac{\mathbb{Z}}{n\mathbb{Z}} \simeq U_n$, onde $n\mathbb{Z} = \{nk \mid k \in \mathbb{Z}\}$ e $U_n < \mathbb{C}$ é o subgrupo das raízes n-ésimas da unidade.
9. Considerando S_3 o grupo das permutações de 3 elementos, mostre que $\dfrac{< E_2 >}{\{id\}} \simeq \dfrac{S_3}{\left\langle R_{\frac{2\pi}{3}} \right\rangle}$.
10. Mostre que dados a e b inteiros positivos, então $a\mathbb{Z} \cap b\mathbb{Z} = mmc(a,b)\mathbb{Z}$.

4. Grupo de permutações

Neste capítulo, aprofundaremos nossa compreensão sobre o grupo S_n. Para destacar a relevância desse grupo, exploraremos o Teorema de Cayley, que estabelece uma conexão crucial: para qualquer grupo finito G com n elementos, G é isomorfo a um subgrupo de S_n. Portanto, o estudo de S_n e seus subgrupos desempenha um papel fundamental na compreensão de grupos finitos. Vamos ampliar nosso conhecimento sobre o grupo S_n, abordando conceitos como ciclos, órbitas, decomposição e paridade.

4.1 O Teorema de Cayley

Este é um teorema que garante que qualquer grupo G é isomorfo a um subgrupo de $Bij(G)$. No caso finito, se $|G| = n$, G será isomorfo a um subgrupo de S_n. Isso é muito importante, pois nos diz que entender bem S_n e seus subgrupos, pode nos permitir uma melhor compreensão dos grupos finitos de ordem n.

Antes de provar o Teorema de Cayley, vamos apresentar dois lemas, que apesar de simples, serão de grande utilidade.

Lema 4.1 Sendo $f : G \longrightarrow G'$ um monomorfismo, então $G \simeq f(G)$.

Demonstração. Considere $f^* : G \longrightarrow f(G)$, definida como $f^*(x) = f(x)$. Note que f^* é epimorfismo e, portanto, isomorfismo. Assim, $G \simeq f(G)$. ■

Lema 4.2 Sejam X e Y conjuntos não vazios de mesma cardinalidade. Então, $Bij(X) \simeq Bij(Y)$.

Demonstração. Como X e Y possuem a mesma cardinalidade, segue que existe uma bijeção $f : X \longrightarrow Y$. Defina $f^* : Bij(X) \longrightarrow Bij(Y)$ por $f^*(\alpha) = f \circ \alpha \circ f^{-1}$. Provemos que f^* é isomorfismo.

- f^* é homomorfismo.
  Dados $\alpha, \beta \in Bij(X)$,

$$\begin{aligned} f^*(\alpha) \circ f^*(\beta) &= (f \circ \alpha \circ f^{-1}) \circ (f \circ \beta \circ f^{-1}) \\ &= f \circ (\alpha \circ \beta) \circ f^{-1} \\ &= f^*(\alpha \circ \beta). \end{aligned}$$

- f^* é sobrejetora.
  Dado $\sigma \in Bij(Y)$, tome $\alpha = f^{-1} \circ \sigma \circ f \in Bij(X)$. Assim, $f^*(\alpha) = f \circ (f^{-1} \circ \sigma \circ f) \circ f^{-1} = \sigma$. Portanto, f^* é sobrejetora.

- f^* é injetora.

$$\begin{aligned} ker(f^*) &= \{\alpha \in Bij(X) \mid f^*(\alpha) = id_Y\} \\ &= \{\alpha \in Bij(X) \mid f \circ \alpha \circ f^{-1} = id_Y\} \\ &= \{\alpha \in Bij(X) \mid \alpha = f^{-1} \circ f = id_X\} \\ &= \{id_X\}. \end{aligned}$$

Logo, f^* é injetora.

Portanto, $Bij(X) \simeq Bij(Y)$. ■

Teorema 4.3 — Cayley. Seja G um grupo.

(a) Para cada $a \in G$, $\rho_a : G \longrightarrow G$, dada por $\rho_a(g) = a \cdot g$, $\forall g \in G$, é uma bijeção, isto é, $\rho_a \in Bij(G)$, $\forall a \in G$;

(b) $f : G \longrightarrow Bij(G)$, dada por $f(a) = \rho_a$, $\forall a \in G$, é um monomorfismo;

(c) G é isomorfo a um subgrupo de $Bij(G)$;

(d) Se G é finito com $|G| = n$, então G é isomorfo a um subgrupo de S_n.

Demonstração. (a) Dado $a \in G$, provemos que $\rho_a \in Bij(G)$.

- ρ_a é injetora.
  Dados $g_1, g_2 \in G$ com $\rho_a(g_1) = \rho_a(g_2)$, temos:

  $$\rho_a(g_1) = \rho_a(g_2) \Longrightarrow a \cdot g_1 = a \cdot g_2 \Longrightarrow g_1 = g_2.$$

- ρ_a é sobrejetora.
  Dado $k \in G$, tome $g = a^{-1} \cdot k \in G$ e, assim, $\rho_a(g) = a \cdot g = a \cdot a^{-1} \cdot k = k$.

(b) • f é homomorfismo.
Dados $a, b \in G$,

$$\begin{aligned}(f(a) \circ f(b))(x) &= (\rho_a \circ \rho_b)(x) = (\rho_a(\rho_b(x))) \\ &= \rho_a(b \cdot x) = a \cdot b \cdot x = \rho_{a \cdot b}(x) \\ &= (f(a \cdot b))(x).\end{aligned}$$

• f é injetivo.
Dados $a, b \in G$ com
$(f(a))(x) = (f(b))(x)$, $\forall x \in G$, temos:

$$\begin{aligned}(f(a))(x) = (f(b))(x) &\Longrightarrow \rho_a(x) = \rho_b(x) \\ &\Longrightarrow a \cdot x = b \cdot x \\ &\Longrightarrow a = b.\end{aligned}$$

(c) Sendo $f : G \longrightarrow Bij(G)$ um monomorfismo, pelo Lema 4.1, $G \simeq f(G)$, onde $f(G) < Bij(G)$.

(d) Nesse caso, S_n e $Bij(G)$ possuem a mesma cardinalidade. Então, pelo Lema 4.2, $S_n \simeq Bij(G)$. Seja $f^* : S_n \longrightarrow Bij(G)$ um isomorfismo. Agora, considere $f : G \longrightarrow Bij(G)$ o monomorfismo do item (b) deste teorema. Assim, $G \stackrel{f}{\longrightarrow} Bij(G) \stackrel{f^{*-1}}{\longrightarrow} S_n$, tomando $\gamma = f^{*-1} \circ f$, segue que γ é um monomorfismo. Pelo Lema 4.1, $G \simeq \gamma(G)$, onde $\gamma(G) < S_n$.

■

A importância do Teorema de Cayley está no fato que qualquer grupo finito de ordem n é isomorfo a um subgrupo de S_n. Sendo assim, vamos nos dedicar a estudar um pouco mais de S_n nas próximas páginas.

4.2 Órbitas e ciclos

Antes de começarmos, vamos estabelecer a seguinte notação: Dado $\alpha \in S_n$, $\alpha^0 = id_{S_n}$, $\alpha^n = \underbrace{\alpha \circ \cdots \circ \alpha}_{n \text{ fatores}}$ e $\alpha^{-n} = (\alpha^n)^{-1}$, onde $n \in \mathbb{N}$.

Proposição 4.4 Considere $\alpha \in S_n$ e $a, b \in \{1, \ldots, n\}$. Então, a relação

$$a \sim_\alpha b \Longleftrightarrow b = \alpha^n(a),\ n \in \mathbb{Z}$$

é de equivalência.

Demonstração. Considere $a, b, c \in \{1, \ldots, n\}$.

- Reflexiva:
  $a \sim_\alpha a$, pois $a = id_{S_n}(a) = \alpha^0(a)$.
- Simétrica:

$$\begin{aligned} a \sim_\alpha b &\Longrightarrow b = \alpha^n(a),\ n \in \mathbb{Z} \\ &\Longrightarrow \alpha^{-n}(b) = a,\ -n \in \mathbb{Z} \\ &\Longrightarrow b \sim_\alpha a. \end{aligned}$$

- Transitiva:

$$\begin{aligned} & a \sim_\alpha b \text{ e } b \sim_\alpha c \Longrightarrow b = \alpha^n(a) \text{ e } c = \alpha^k(b),\ n, k \in \mathbb{Z} \\ & \Longrightarrow c = \alpha^k(\alpha^n(a)) = \alpha^{k+n}(a),\ k + n \in \mathbb{Z} \\ & \Longrightarrow a \sim_\alpha c. \end{aligned}$$

■

Definição 4.1 Seja $\alpha \in S_n$. As classes de equivalência da relação $\sim_\alpha$ são chamadas de **órbitas** de α.

Considere, por exemplo,

$$\alpha = \begin{pmatrix} 1 & 2 & 3 & 4 & 5 & 6 & 7 & 8 \\ 3 & 8 & 6 & 7 & 4 & 1 & 5 & 2 \end{pmatrix} \in S_8.$$

Note que:
- $1 \xrightarrow{\alpha} 3 \xrightarrow{\alpha} 6 \xrightarrow{\alpha} 1$;
- $2 \xrightarrow{\alpha} 8 \xrightarrow{\alpha} 2$;
- $4 \xrightarrow{\alpha} 7 \xrightarrow{\alpha} 5 \xrightarrow{\alpha} 4$.

As órbitas de α são

$$\overline{1} = O_1(\alpha) = \{1,3,6\}, \ \overline{2} = O_2(\alpha) = \{2,8\}$$

e

$$\overline{4} = O_3(\alpha) = \{4,5,7\}.$$

Representaremos cada órbita geometricamente em um círculo, colocando os elementos de cada uma de forma equidistante e supondo a aplicação de α como uma rotação no sentido anti-horário.

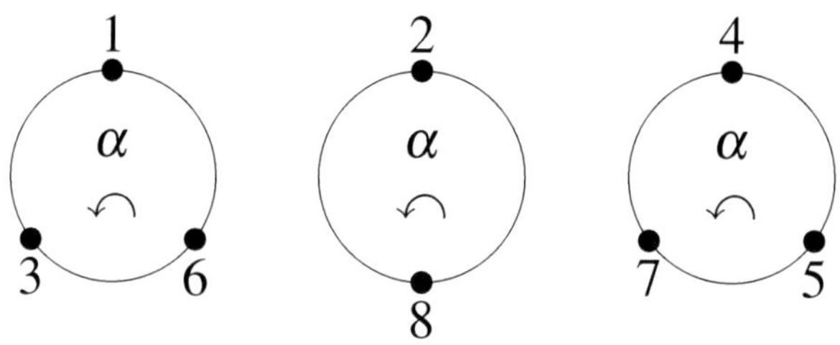

Cada circunferência individualmente também representa uma permutação em S_8:
- $\alpha_1 = \begin{pmatrix} 1 & 2 & 3 & 4 & 5 & 6 & 7 & 8 \\ 3 & 2 & 6 & 4 & 5 & 1 & 7 & 8 \end{pmatrix} \in S_8$;
- $\alpha_2 = \begin{pmatrix} 1 & 2 & 3 & 4 & 5 & 6 & 7 & 8 \\ 1 & 8 & 3 & 4 & 5 & 6 & 7 & 2 \end{pmatrix} \in S_8$;

- $\alpha_3 = \begin{pmatrix} 1 & 2 & 3 & 4 & 5 & 6 & 7 & 8 \\ 1 & 2 & 3 & 7 & 4 & 6 & 5 & 8 \end{pmatrix} \in S_8$.

Cada permutação α_1, α_2 e α_3 de S_8 pode ser chamada de **ciclo** (a motivação é justamente a representação geométrica). Suas notações podem ser descomplicadas escrevendo $\alpha_1 = \begin{pmatrix} 1 & 3 & 6 \end{pmatrix}$, $\alpha_2 = \begin{pmatrix} 2 & 8 \end{pmatrix}$ e $\alpha_3 = \begin{pmatrix} 4 & 7 & 5 \end{pmatrix}$, onde consideramos que $\alpha_1(1) = 3$, $\alpha_1(3) = 6$ e $\alpha_1(6) = 1$ e α_1 fixa os elementos $\{2,4,5,7,8\}$; $\alpha_2(2) = 8$ e $\alpha_2(8) = 2$ e α_2 fixa os elementos $\{1,3,4,5,6,7\}$; e $\alpha_3(4) = 7$, $\alpha_3(7) = 5$ e $\alpha_3(5) = 4$ e α_3 fixa os elementos $\{1,2,3,6,8\}$.

Dizemos que α_1 e que α_2 são $3-$ciclos e α_2 é um $2-$ciclo, devido ao número de elementos que permutam.

Os ciclos possuem extrema importância no estudo do grupo S_n. Por isso, definiremos e aprofundaremos um pouco mais sobre eles a seguir.

Definição 4.2 Seja $r \geq 2$ natural. Um elemento $\alpha \in S_n$ é chamado de $r-$**ciclo** (ou ciclo de comprimento r) se existirem $a_1, \ldots, a_r \in \{1, \ldots, n\}$, dois a dois distintos, tais que $\alpha(a_i) = a_{i+1}$, $\forall i \in \{1, \ldots, r-1\}$, $\alpha(a_r) = a_1$ e $\alpha(j) = j$, $\forall j \in \{1, \ldots, n\} - \{a_1, \ldots, a_r\}$. Denotamos o $r-$ciclo α por $\alpha = \begin{pmatrix} a_1 & \cdots & a_r \end{pmatrix}$.

Definição 4.3 Se $\alpha \in S_n$ é um $2-$ciclo, dizemos que α é uma **transposição** em S_n.

Vejamos alguns exemplos de $r-$ciclos.

■ **Exemplo 4.1** Seja $\alpha = \begin{pmatrix} 1 & 2 & 3 \\ 2 & 3 & 1 \end{pmatrix} \in S_3$, então α é um $3-$ciclo em S_3 e pode ser escrito como $\alpha = \begin{pmatrix} 1 & 2 & 3 \end{pmatrix}$. ■

Exemplo 4.2 Seja $\beta = \begin{pmatrix} 1 & 2 & 3 & 4 \\ 2 & 3 & 1 & 4 \end{pmatrix} \in S_4$, então β é um $3-$ciclo em S_4 e pode ser escrito como $\beta = \begin{pmatrix} 1 & 2 & 3 \end{pmatrix}$. ■

Exemplo 4.3 Seja $\gamma = \begin{pmatrix} 1 & 2 & 3 & 4 & 5 & 6 \\ 1 & 3 & 5 & 4 & 6 & 2 \end{pmatrix} \in S_6$, então γ é um $4-$ciclo em S_6 e pode ser escrito como $\gamma = \begin{pmatrix} 2 & 3 & 5 & 6 \end{pmatrix}$. ■

Exemplo 4.4 Seja $\psi = \begin{pmatrix} 1 & 2 & 3 & 4 & 5 \\ 1 & 4 & 3 & 2 & 5 \end{pmatrix} \in S_5$, então ψ é um $2-$ciclo em S_5, ou seja, uma transposição em S_5, que pode ser escrita como $\psi = \begin{pmatrix} 2 & 4 \end{pmatrix}$. ■

Lema 4.5 Seja $\alpha = \begin{pmatrix} a_1 & \cdots & a_r \end{pmatrix} \in S_n$ um $r-$ciclo. Então, $\alpha^i(a_1) = a_{i+1}$, $\forall i \in \{1, \ldots, r-1\}$.

Demonstração. Faremos por indução sobre i.

(i) Para $i = 1$, temos $\alpha^1(a_1) = \alpha(a_1) \overset{\text{Def. 4.2}}{=} a_2$.

(ii) Suponha que $\alpha^{i-1}(a_1) = a_i$, para $i \in \{2, \ldots, r-1\}$.

(iii) Provemos que $\alpha^i = (a_1) = a_{i+1}$. Considerando $i \in \{1, \cdots, r-1\}$,

$$\alpha^i(a_1) = \alpha(\alpha^{i-1}(a_1)) \overset{\text{H. I.}}{=} \alpha(a_i) \overset{\text{Def. 4.2}}{=} a_{i+1}.$$

■

Proposição 4.6 Todo $r-$ciclo de S_n possui ordem r.

Demonstração. Seja $\alpha = \begin{pmatrix} a_1 & \cdots & a_r \end{pmatrix} \in S_n$ um $r-$ciclo. Para mostrar que $\mathcal{O}(\alpha) = r$, provemos que $\alpha^r = id_{S_n}$ e que r é o menor inteiro positivo tal que $\alpha^r = id_{S_n}$.

1º - $\alpha^r(j) = j$, $\forall j \in \{1, \ldots, n\}$.
Pela Definição 4.2, sabemos que $\alpha(j) = j$, se $j \in \{1, \ldots, n\} - \{a_1, \ldots, a_r\}$. Dessa forma, $\alpha^r(j) = j$ se $j \in \{1, \ldots, n\} - \{a_1, \ldots, a_r\}$.
Para $j \in \{a_1, \ldots, a_r\}$, provemos que $\alpha^r(a_i) = a_i$, $\forall i \in \{1, \ldots, r\}$, por indução sobre i.
(i) Para $i = 1$:

$$\begin{aligned} \alpha^r(a_1) = \alpha(\alpha^{r-1}(a_1)) &\overset{\text{Lema 4.5}}{=} \alpha(a_{r-1+1}) \\ = \alpha(a_r) &\overset{\text{Def. 4.2}}{=} a_1. \end{aligned}$$

(ii) Suponha que $\alpha^r(a_{i-1}) = a_{i-1}$, para $i \in \{2, \cdots, r\}$.
(iii) Provemos que $\alpha^r(a_i) = a_i$. Considerando $i - 1 \in \{1, \ldots, r-1\}$,

$$\begin{aligned} \alpha^r(a_i) &= \alpha^r(\alpha(a_{i-1})) = \alpha(\alpha^r(a_{i-1})) \\ &\overset{\text{H. I.}}{=} \alpha(a_{i-1}) \overset{\text{Def. 4.2}}{=} a_i. \end{aligned}$$

Portanto, $\alpha^r(j) = j$, $\forall j \in \{1, \ldots, n\}$ e $\alpha^r = id_{S_n}$.

2º - Provemos que r é o menor inteiro positivo tal que $\alpha^r = id_{S_n}$. Suponha k inteiro positivo tal que $k < r$. Então, pelo Lema 4.5, $\alpha^k(a_1) = a_{k+1} \neq a_1$, pois $k \neq 0$. Logo, $\alpha^k \neq id_{S_n}$, e isso vale para qualquer $k < r$ inteiro positivo. Portanto, $\mathscr{O}(\alpha) = r$.

■

4.3 Ciclos disjuntos e decomposição

Definição 4.4 Sejam $\alpha, \beta \in S_n$ ciclos. Dizemos que α e β são **ciclos disjuntos** se para todo $j \in \{1, \ldots, n\}$ tem-se $\alpha(j) = j$ ou $\beta(j) = j$.

Proposição 4.7 Sejam α e β ciclos disjuntos de S_n. Então, $\alpha \circ \beta = \beta \circ \alpha$.

Demonstração. Escreva $\alpha = \begin{pmatrix} a_1 & \cdots & a_r \end{pmatrix}$ e $\beta = \begin{pmatrix} b_1 & \cdots & b_s \end{pmatrix}$, onde $\mathscr{O}(\alpha) = r$ e $\mathscr{O}(\beta) = s$. Seja $j \in \{1, \cdots, n\}$.

- Se $j \notin \{a_1, \ldots, a_r, b_1, \ldots, b_s\}$, então $\alpha(j) = j$ e $\beta(j) = j$. Assim,

$$(\beta \circ \alpha)(j) = \beta(\alpha(j)) = \beta(j) = j = \alpha(j)$$
$$= \alpha(\beta(j)) = (\alpha \circ \beta)(j).$$

- Se $j \in \{a_1, \ldots, a_r\}$, então $\alpha(j) \neq j$ e $\beta(j) = j$. Temos que α é injetora (bijeção), então:

$$\alpha(j) \neq j \implies \alpha(\alpha(j)) \neq \alpha(j).$$

Como α e β são disjuntos, $\beta(\alpha(j)) = \alpha(j)$. Assim,

$$(\beta \circ \alpha)(j) = \beta(\alpha(j)) = \alpha(j) \overset{\beta(j)=j}{=} \alpha(\beta(j))$$
$$= (\alpha \circ \beta)(j).$$

- Se $j \in \{b_1, \ldots, b_s\}$, de forma análoga se prova que $(\beta \circ \alpha)(j) = (\alpha \circ \beta)(j)$.

Portanto, $(\beta \circ \alpha)(j) = (\alpha \circ \beta)(j), \ \forall j \in \{1, \ldots, n\}$. ∎

Retomemos o exemplo

$$\alpha = \begin{pmatrix} 1 & 2 & 3 & 4 & 5 & 6 & 7 & 8 \\ 3 & 8 & 6 & 7 & 4 & 1 & 5 & 2 \end{pmatrix} \in S_8,$$

que nos permitiu estudar os ciclos $\alpha_1 = \begin{pmatrix} 1 & 3 & 6 \end{pmatrix}$, $\alpha_2 = \begin{pmatrix} 2 & 8 \end{pmatrix}$ e $\alpha_3 = \begin{pmatrix} 4 & 7 & 5 \end{pmatrix}$. Perceba que a permutação α pode ser escrita como $\alpha = \alpha_1 \circ \alpha_2 \circ \alpha_3$ (a ordem em que os fatores aparecem não importa, pois são ciclos disjuntos). Dizemos que a permutação α foi decomposta nos ciclos disjuntos α_1, α_2 e α_3. Este exemplo não se trata de um caso particular. Vamos demonstrar a seguir que qualquer permutação de S_n pode ser decomposta em ciclos disjuntos. Mais do que isso, tal decomposição é única, a menos da ordem dos fatores.

Proposição 4.8 Toda permutação de S_n pode ser escrita como a composição de ciclos disjuntos de forma única (a menos da ordem dos fatores).

Demonstração. Considere $\alpha \in S_n$ uma permutação e $O_1(\alpha), \ldots, O_r(\alpha)$ todas as órbitas associadas a α. Uma vez que as órbitas são classes de equivalência, segue que

$$\{1, \ldots, n\} = \dot{\bigcup}_{1 \leq i \leq r} O_i(\alpha).$$

Dado $i \in \{1, \ldots, n\}$, considere μ_i o ciclo associado a órbita $O_i(\alpha)$. Como as órbitas $O_1(\alpha), \ldots, O_r(\alpha)$ são duas a duas disjuntas, os ciclos $\mu_1, \ldots, \mu_r$ também são dois a dois disjuntos.

Também, se $x \in O_i(\alpha)$, então $\mu_i(x) = \alpha(x)$ e $\mu_k(x) = x$ se $k \neq i$, pois μ_i e μ_k são disjuntos.

Então, $\alpha = \mu_1 \circ \mu_2 \circ \cdots \circ \mu_r$.

Portanto, a permutação $\alpha \in S_n$ pode ser decomposta em ciclos disjuntos. Provemos que tal decomposição é única.

A quantidade r de ciclos disjuntos é unicamente determinada por α, uma vez que é o número de órbitas associadas a α.

Por outro lado, se $\alpha = \beta_1 \circ \beta_2 \circ \cdots \circ \beta_r$, onde $\beta_1, \ldots, \beta_r$ são ciclos disjuntos, note que, para um β_i qualquer, onde $i \in \{1, \ldots, r\}$, o conjunto de pontos de $\{1, \ldots, n\}$ não fixados por β_i constituem uma órbita de α. Portanto, $\beta_i = \mu_j$, para algum $j \in \{1, \ldots, r\}$, pois estabelecemos $\mu_1, \ldots, \mu_r$ dessa forma no início da demonstração. ■

▪ **Exemplo 4.5** Note que $\alpha = (\ 1\ \ 5\ )$ e $\beta = (\ 2\ \ 6\ \ 4\ )$ são ciclos disjuntos em S_6. Portanto,

$$\begin{aligned}(\ 1\ \ 5\ ) \circ (\ 2\ \ 6\ \ 4\ ) &= (\ 2\ \ 6\ \ 4\ ) \circ (\ 1\ \ 5\ ) \\ &= \begin{pmatrix} 1 & 2 & 3 & 4 & 5 & 6 \\ 5 & 6 & 3 & 2 & 1 & 4 \end{pmatrix}.\end{aligned}$$

▪

Mas não há comutatividade garantida se os ciclos não forem disjuntos.

▪ **Exemplo 4.6** Considere $\alpha = (\ 1\ \ 2\ )$ e $\beta = (\ 1\ \ 3\ )$, ciclos não disjuntos de S_3. Perceba que $(\ 1\ \ 2\ ) \circ (\ 1\ \ 3\ ) \neq (\ 1\ \ 3\ ) \circ (\ 1\ \ 2\ )$, pois:

$$\begin{aligned}(\ 1\ \ 2\ ) \circ (\ 1\ \ 3\ ) &= \begin{pmatrix} 1 & 2 & 3 \\ 2 & 1 & 3 \end{pmatrix} \circ \begin{pmatrix} 1 & 2 & 3 \\ 3 & 2 & 1 \end{pmatrix} \\ &= \begin{pmatrix} 1 & 2 & 3 \\ 3 & 1 & 2 \end{pmatrix} = (\ 1\ \ 3\ \ 2\ )\end{aligned}$$

e

$$
\begin{aligned}
\begin{pmatrix} 1 & 3 \end{pmatrix} \circ \begin{pmatrix} 1 & 2 \end{pmatrix} &= \begin{pmatrix} 1 & 2 & 3 \\ 3 & 2 & 1 \end{pmatrix} \circ \begin{pmatrix} 1 & 2 & 3 \\ 2 & 1 & 3 \end{pmatrix} \\
&= \begin{pmatrix} 1 & 2 & 3 \\ 2 & 3 & 1 \end{pmatrix} = \begin{pmatrix} 1 & 2 & 3 \end{pmatrix}.
\end{aligned}
$$

■

Proposição 4.9 Seja $\begin{pmatrix} a_1 & \cdots & a_r \end{pmatrix} \in S_n$ um $r-$ciclo. Então,

$$\begin{pmatrix} a_1 & \cdots & a_r \end{pmatrix} = \begin{pmatrix} a_1 & a_r \end{pmatrix} \circ \cdots \circ \begin{pmatrix} a_1 & a_3 \end{pmatrix} \circ \begin{pmatrix} a_1 & a_2 \end{pmatrix}.$$

Demonstração. Provemos que

$$
\begin{aligned}
&\begin{pmatrix} a_1 & \cdots & a_r \end{pmatrix}(x) \\
&= \left(\begin{pmatrix} a_1 & a_r \end{pmatrix} \circ \cdots \circ \begin{pmatrix} a_1 & a_3 \end{pmatrix} \circ \begin{pmatrix} a_1 & a_2 \end{pmatrix}\right)(x),
\end{aligned}
$$

para todo $x \in \{1, \ldots, n\}$.

- Para $x \notin \{a_1, \ldots, a_r\}$.

$$
\begin{aligned}
&\left(\begin{pmatrix} a_1 & a_r \end{pmatrix} \circ \cdots \circ \begin{pmatrix} a_1 & a_3 \end{pmatrix} \circ \begin{pmatrix} a_1 & a_2 \end{pmatrix}\right)(x) = x \\
&= \begin{pmatrix} a_1 & \cdots & a_r \end{pmatrix}(x).
\end{aligned}
$$

- Para $x \in \{a_1, \ldots, a_r\}$, temos $x = a_i$, para algum $i \in \{1, \ldots, r\}$.
  Se $x = a_1$,

$$
\begin{aligned}
&\left(\begin{pmatrix} a_1 & a_r \end{pmatrix} \circ \cdots \circ \begin{pmatrix} a_1 & a_3 \end{pmatrix} \circ \begin{pmatrix} a_1 & a_2 \end{pmatrix}\right)(a_1) \\
&= \left(\begin{pmatrix} a_1 & a_r \end{pmatrix} \circ \cdots \circ \begin{pmatrix} a_1 & a_3 \end{pmatrix}\right)\left(\begin{pmatrix} a_1 & a_2 \end{pmatrix}(a_1)\right) \\
&= \left(\begin{pmatrix} a_1 & a_r \end{pmatrix} \circ \cdots \circ \begin{pmatrix} a_1 & a_3 \end{pmatrix}\right)(a_2) \\
&= a_2 = \begin{pmatrix} a_1 & \cdots & a_r \end{pmatrix}(a_1).
\end{aligned}
$$

Se $x = a_2$,

$$\begin{aligned}
&\left(\begin{pmatrix} a_1 & a_r \end{pmatrix} \circ \cdots \circ \begin{pmatrix} a_1 & a_3 \end{pmatrix} \circ \begin{pmatrix} a_1 & a_2 \end{pmatrix}\right)(a_2) \\
&= \left(\begin{pmatrix} a_1 & a_r \end{pmatrix} \circ \cdots \circ \begin{pmatrix} a_1 & a_3 \end{pmatrix}\right)\left(\begin{pmatrix} a_1 & a_2 \end{pmatrix}(a_2)\right) \\
&= \left(\begin{pmatrix} a_1 & a_r \end{pmatrix} \circ \cdots \circ \begin{pmatrix} a_1 & a_3 \end{pmatrix}\right)(a_1) \\
&= \left(\begin{pmatrix} a_1 & a_r \end{pmatrix} \circ \cdots \circ \begin{pmatrix} a_1 & a_4 \end{pmatrix}\right)\left(\begin{pmatrix} a_1 & a_3 \end{pmatrix}(a_1)\right) \\
&= \left(\begin{pmatrix} a_1 & a_r \end{pmatrix} \circ \cdots \circ \begin{pmatrix} a_1 & a_4 \end{pmatrix}\right)(a_3) \\
&= a_3 = \begin{pmatrix} a_1 & \cdots & a_r \end{pmatrix}(a_2).
\end{aligned}$$

Se $x = a_i$, com $3 \leq i \leq r-1$,

$$\begin{aligned}
&\left(\begin{pmatrix} a_1 & a_r \end{pmatrix} \circ \cdots \circ \begin{pmatrix} a_1 & a_3 \end{pmatrix} \circ \begin{pmatrix} a_1 & a_2 \end{pmatrix}\right)(a_i) = a_{i+1} \\
&= \begin{pmatrix} a_1 & \cdots & a_r \end{pmatrix}(a_i).
\end{aligned}$$

Se $x = a_r$,

$$\begin{aligned}
&\left(\begin{pmatrix} a_1 & a_r \end{pmatrix} \circ \cdots \circ \begin{pmatrix} a_1 & a_3 \end{pmatrix} \circ \begin{pmatrix} a_1 & a_2 \end{pmatrix}\right)(a_r) = a_1 \\
&= \begin{pmatrix} a_1 & \cdots & a_r \end{pmatrix}(a_r).
\end{aligned}$$

Portanto,

$$\begin{aligned}
&\begin{pmatrix} a_1 & \cdots & a_r \end{pmatrix}(x) \\
&= \left(\begin{pmatrix} a_1 & a_r \end{pmatrix} \circ \cdots \circ \begin{pmatrix} a_1 & a_3 \end{pmatrix} \circ \begin{pmatrix} a_1 & a_2 \end{pmatrix}\right)(x),
\end{aligned}$$

para todo $x \in \{1, \ldots, n\}$. ■

Proposição 4.10 Em S_n, tem-se, para todo $a \in \{1, \ldots, n\}$, $id_{S_n} = \begin{pmatrix} 1 & a \end{pmatrix} \circ \begin{pmatrix} 1 & a \end{pmatrix}$.

Demonstração. Provemos que $id_{S_n}(x) = \left(\begin{pmatrix} 1 & a \end{pmatrix} \circ \begin{pmatrix} 1 & a \end{pmatrix}\right)(x)$, $\forall x \in \{1, \ldots, n\}$.

Se $x \notin \{1, a\}$:

$$\left(\begin{pmatrix} 1 & a \end{pmatrix} \circ \begin{pmatrix} 1 & a \end{pmatrix}\right)(x) = x = id_{S_n}(x).$$

Se $x = 1$:

$$\left(\begin{pmatrix} 1 & a \end{pmatrix} \circ \begin{pmatrix} 1 & a \end{pmatrix}\right)(1) = \begin{pmatrix} 1 & a \end{pmatrix}(a) = 1 = id_{S_n}(1).$$

Se $x = a$:

$$\left(\begin{pmatrix} 1 & a \end{pmatrix} \circ \begin{pmatrix} 1 & a \end{pmatrix}\right)(a) = \begin{pmatrix} 1 & a \end{pmatrix}(1) = a = id_{S_n}(a).$$

Portanto, $id_{S_n}(x) = \left(\begin{pmatrix} 1 & a \end{pmatrix} \circ \begin{pmatrix} 1 & a \end{pmatrix}\right)(x)$, para todo $x \in \{1, \ldots, n\}$. ■

Proposição 4.11 Toda permutação de S_n pode ser escrita como uma composição de transposições.

Demonstração. Pela Proposição 4.8, toda permutação de S_n pode ser escrita como composição de ciclos disjuntos. Pelas Proposições 4.9 e 4.10, cada ciclo pode ser escrito como a composição de transposições. ■

4.4 Paridade de permutações

Vimos que toda permutação de S_n pode ser escrita como uma composição de transposições. Todavia, essa decomposição não é única. Por exemplo, em S_6, considere o ciclo $\begin{pmatrix} 1 & 2 & 3 & 4 \end{pmatrix}$. Temos que

$$\begin{pmatrix} 1 & 2 & 3 & 4 \end{pmatrix} = \begin{pmatrix} 1 & 4 \end{pmatrix} \circ \begin{pmatrix} 1 & 3 \end{pmatrix} \circ \begin{pmatrix} 1 & 2 \end{pmatrix}.$$

Por outro lado, também

$$\begin{pmatrix} 1 & 2 & 3 & 4 \end{pmatrix} = \begin{pmatrix} 1 & 2 \end{pmatrix} \circ \begin{pmatrix} 2 & 3 \end{pmatrix} \circ \begin{pmatrix} 3 & 4 \end{pmatrix}.$$

Nem mesmo o número de fatores é único. Note que

$$\begin{aligned}(\,1\ \ 2\ \ 3\ \ 4\,) = (\,1\ \ 2\,)\circ(\,2\ \ 3\,)\circ(\,3\ \ 4\,)\\ \circ(\,5\ \ 6\,)\circ(\,5\ \ 6\,).\end{aligned}$$

Todavia, uma qualidade é preservada: a paridade do número de fatores. Isto é, uma permutação só pode ser decomposta em um número par ou em um número ímpar de transposições, como garante o próximo resultado.

Proposição 4.12 Nenhuma permutação de S_n pode ser escrita como composição de um número ímpar de transposições e como um número par de transposições.

Demonstração. Considere

$$X = \{\text{colunas da matriz identidade } I_n \in M_n(\mathbb{R})\}.$$

Assim, $Bij(X)$ indica o grupo das permutações entre as colunas da matriz I_n. Note que $\#X = n = \#\{1,\ldots,n\}$, portanto, pelo Lema 4.2, segue que $Bij(X) \simeq S_n$.

Uma transposição em $Bij(X)$ é uma permutação entre duas colunas de I_n, fixando as demais.

Sabemos que $det(I_n) = 1$. Supondo $C \in Bij(X)$ uma permutação/matriz obtida através de um número par de transposições, então $det(C) = 1$. Se $C \in Bij(X)$ também puder ser obtida através de um número ímpar de transposições, $det(C) = -1$. Isto seria um absurdo!

Portanto, C não pode ser obtida por meio de um número ímpar e de um número par de transposições. Como $Bij(X) \simeq S_n$, então $\alpha \in S_n$ não pode ser obtido por meio de um número ímpar e de um número par de transposições. ■

Definição 4.5 Considere $\alpha = \mu_1 \circ \mu_2 \circ \cdots \circ \mu_r \in S_n$, onde $\mu_1, \ldots, \mu_r$ são transposições. O **sinal** $\varepsilon(\alpha)$ da permutação α é definido como $\varepsilon(\alpha) = (-1)^r$. Dizemos que α é uma **permutação par** se $\varepsilon(\alpha) = 1$ e que α é uma **permutação ímpar** se $\varepsilon(\alpha) = -1$. Em outras palavras, α é uma permutação par se r for par e α é uma permutação ímpar se r for ímpar.

Proposição 4.13 Sejam $\alpha, \beta \in S_n$ permutações quaisquer e $id_{S_n} \in S_n$ a permutação identidade. Então:

(a) $\varepsilon(\alpha \circ \beta) = \varepsilon(\alpha) \cdot \varepsilon(\beta)$;

(b) $\varepsilon(id_{S_n}) = 1$;

(c) $\varepsilon(\alpha^{-1}) = (\varepsilon(\alpha))^{-1} = \varepsilon(\alpha)$.

Demonstração. (a) Sejam $\alpha = \mu_1 \circ \cdots \circ \mu_t$ e $\beta = \gamma_1 \circ \cdots \circ \gamma_s$, onde μ_i e γ_j, $1 \leq i \leq t$, $1 \leq j \leq s$, são transposições.

Se α e β são permutações pares, t e s são pares, $t+s$ é par, $\varepsilon(\alpha) = \varepsilon(\beta) = 1$. Note que $\alpha \circ \beta$ pode possuir $t+s$ transposições como fatores, então $\varepsilon(\alpha \circ \beta) = 1$. Portanto, $\varepsilon(\alpha \circ \beta) = \varepsilon(\alpha) \cdot \varepsilon(\beta)$.

Se α e β são permutações ímpares, t e s são ímpares, $t+s$ é par, $\varepsilon(\alpha) = \varepsilon(\beta) = -1$. Como $\varepsilon(\alpha \circ \beta) = 1$, temos $\varepsilon(\alpha \circ \beta) = \varepsilon(\alpha) \cdot \varepsilon(\beta)$.

Se α e β possuem paridades trocadas, suponha $\varepsilon(\alpha) = 1$ e $\varepsilon(\beta) = -1$, sem perda de generalidade. Então, t é par e s é ímpar, $s+t$ é ímpar. Como $\varepsilon(\alpha \circ \beta) = -1$, temos $\varepsilon(\alpha \circ \beta) = \varepsilon(\alpha) \cdot \varepsilon(\beta)$.

Em todo caso, temos $\varepsilon(\alpha \circ \beta) = \varepsilon(\alpha) \cdot \varepsilon(\beta)$.

(b) Como $id_{S_n} = \begin{pmatrix} 1 & a \end{pmatrix} \circ \begin{pmatrix} 1 & a \end{pmatrix}$, $\forall a \in \{1, \ldots, n\}$, então $\varepsilon(id_{S_n}) = 1$.

(c) Para todo $\alpha \in S_n$, $\alpha \circ \alpha^{-1} = \alpha^{-1} \circ \alpha = id_{S_n}$. Pelos itens (a) e (b),

$$\begin{aligned}
&\varepsilon(\alpha\circ\alpha^{-1})=\varepsilon(\alpha^{-1}\circ\alpha)=\varepsilon(id_{S_n})\\
&\implies \varepsilon(\alpha)\cdot\varepsilon(\alpha^{-1})=\varepsilon(\alpha^{-1})\cdot\varepsilon(\alpha)=1\\
&\implies \varepsilon(\alpha^{-1})=(\varepsilon(\alpha))^{-1}.
\end{aligned}$$

Como 1 é o inverso de 1 e -1 é o inverso de -1, segue que $\varepsilon(\alpha^{-1})=(\varepsilon(\alpha))^{-1}=\varepsilon(\alpha)$.

■

Proposição 4.14 Denote $A_n=\{\alpha\in S_n \mid \varepsilon(\alpha)=1\}$. Então, $A_n\triangleleft S_n$.

Demonstração. 1º - $A_n<S_n$.
Dados $\alpha,\beta\in A_n$,

$$\varepsilon(\alpha\circ\beta^{-1})=\varepsilon(\alpha)\cdot(\varepsilon(\beta))^{-1}=1\cdot 1^{-1}=1.$$

Logo, $\alpha\circ\beta^{-1}\in A_n$ e $A_n<S_n$.

2º - $A_n\triangleleft S_n$.
Provemos que $\theta A_n\theta^{-1}\subset A_n$, $\forall\theta\in S_n$.

$$\begin{aligned}
&\alpha\in\theta A_n\theta^{-1}\implies \alpha=\theta\circ\beta\circ\theta^{-1},\ \beta\in A_n\\
&\implies \varepsilon(\alpha)=\varepsilon(\theta)\cdot\varepsilon(\beta)\cdot(\varepsilon(\theta))^{-1}\\
&\implies \varepsilon(\alpha)=\varepsilon(\theta)\cdot 1\cdot(\varepsilon(\theta))^{-1}=1\\
&\implies \alpha\in A_n.
\end{aligned}$$

Portanto, $A_n\triangleleft S_n$. ■

Definição 4.6 O subgrupo normal $A_n\triangleleft S_n$, onde $A_n=\{\alpha\in S_n \mid \varepsilon(\alpha)=1\}$, é chamado de **grupo alternado** de grau n.

Proposição 4.15 O grupo alternado de grau n possui $\frac{n!}{2}$ elementos.

Demonstração. Sejam $\alpha_1, \ldots, \alpha_r$ todas as permutações pares de S_n e $\beta_1, \ldots, \beta_s$ todas as permutações ímpares de S_n.

Considere μ uma transposição de S_n. Assim, $\mu \circ \alpha_1, \cdots, \mu \circ \alpha_r$ foram permutações ímpares de S_n. Logo, $r \leq s$. Também, $\mu \circ \beta_1, \cdots, \mu \circ \beta_s$ foram permutações pares de S_n. Logo, $s \leq r$.

Então, $r = s$. Isto é, em S_n, há a mesma quantidade de permutações pares e ímpares. Como $|S_n| = n!$, segue que $|A_n| = \frac{n!}{2}$. ∎

Este subgrupo A_n de S_n é, de fato, muito importante. Pelo Teorema de Cayley, sabemos que todo grupo finito G com n elementos é isomorfo a um subgrupo de S_n. Pode ser demonstrado, com o apoio do subgrupo A_n, que não existem fórmulas envolvendo apenas radicais para solucionar equações polinomiais com grau maior ou igual a 5. Mas este é um assunto que foge ao escopo desta obra e é mais adequada para um texto exclusivo sobre Teoria de Galois.

4.5 Exercícios

1. Em S_5, considere $\alpha = \begin{pmatrix} 1 & 2 & 3 & 4 & 5 \\ 1 & 4 & 3 & 2 & 5 \end{pmatrix}$, $\beta = \begin{pmatrix} 1 & 2 & 3 & 4 & 5 \\ 2 & 3 & 1 & 5 & 4 \end{pmatrix}$ e $\gamma = \begin{pmatrix} 1 & 2 & 3 & 4 & 5 \\ 1 & 5 & 4 & 2 & 3 \end{pmatrix}$.
   Calcule:

a) $\alpha \circ \beta \circ \gamma$.
b) $\beta \circ \alpha^2$.
c) $\gamma^2 \circ \beta^3$.

2. Em S_9, calcule $\alpha^{-1} \circ \beta \circ \alpha$ onde $\alpha = (1\,3\,5) \circ (1\,2)$ e $\beta = (1\,5\,7\,9)$.
3. Em S_9, prove que

$$\begin{pmatrix} 1 & 2 & 3 & 4 & 5 & 6 & 7 & 8 & 9 \\ 4 & 7 & 9 & 2 & 6 & 8 & 1 & 5 & 3 \end{pmatrix} = (1\,4\,2\,7) \circ (3\,9) \circ (5\,6\,8).$$

4. Mostre que o conjunto de permutações

$$\{id, (1\,2) \circ (3\,4), (1\,3) \circ (2\,4), (1\,4) \circ (2\,3)\}$$

é um grupo.
5. Calcule a paridade de todas as permutações de S_3 e de D_4.
6. Verifique que:
   a) O 3-ciclo $\alpha = (1\,2\,3)$ em S_3 é uma permutação par.
   b) O 4-ciclo $\beta = (1\,2\,3\,4)$ em S_4 é uma permutação ímpar.
7. Prove que o sinal de um $r-$ciclo é $(-1)^{r-1}$.
8. Mostre que o produto de ciclos de ordens $r_1, \ldots, r_k$ tem sinal $(-1)^{r_1-1} \cdots (-1)^{r_k-1}$.
9. Determine os subgrupos $A_3 < S_3$ e $A_4 < S_4$ e construa suas tábuas de operação.
10. O grupo A_4 possui um subgrupo de ordem 9?

5. Ação de grupo em conjunto

Basicamente entendemos uma ação como uma maneira pela qual um grupo atua sobre um conjunto não vazio. Essa ação é representada por uma função que atribui a cada elemento do grupo e a cada elemento do conjunto um novo elemento do conjunto. A ação de grupo deve satisfazer certas propriedades, como a preservação da estrutura do conjunto e a compatibilidade com a operação do grupo.

Uma notação importante, diferente dos capítulos anteriores, que vamos adotar neste, é que $|X|$ indicará a cardinalidade do conjunto X, independente se existe estrutura algébrica ou não no conjunto.

5.1 Grupos agindo em conjuntos

Definição 5.1 Considere $(G,*)$ um grupo e X um conjunto não vazio. Uma **ação de** G **em** X é uma função

$$\begin{aligned} \bullet : & G \times X \longrightarrow X \\ & (g,x) \mapsto g \bullet x \end{aligned}$$

tal que:

(i) $e \bullet x = x$, $\forall x \in X$, onde e é o elemento neutro de G;

(ii) $g_1 \bullet (g_2 \bullet x) = (g_1 * g_2) \bullet x$, $\forall g_1, g_2 \in G$ e $\forall x \in X$.

Existindo uma ação do grupo G sobre um conjunto X, também podemos dizer que X é um $G-$**conjunto**. Perceba que X é um conjunto não vazio qualquer, não precisa ter nenhuma estrutura algébrica. Para não sobrecarregar a notação, é comum omitir a operação $*$ do grupo G. Dessa forma, escrevemos a segunda condição da Definição 5.1, como:

$$g_1 \bullet (g_2 \bullet x) = (g_1 g_2) \bullet x, \ \forall g_1, g_2 \in G \text{ e } \forall x \in X.$$

Vejamos alguns exemplos de ação de grupos em conjuntos.

Exemplo 5.1 Seja G um grupo. Tome $X = G$. A operação do grupo G é uma ação de G em G.

$$\begin{aligned} \bullet : & G \times G \longrightarrow G \\ & (g,x) \mapsto g \bullet x = gx \end{aligned}$$

(i) $e \bullet x = ex = x$, $\forall x \in X$;

(ii) $g_1 \bullet (g_2 \bullet x) = g_1 \bullet (g_2 x) = g_1 g_2 x = (g_1 g_2) \bullet x$, $\forall g_1, g_2 \in G$ e $\forall x \in G$.

■

■ **Exemplo 5.2** Seja G um grupo e $X = G$. Então

$$\begin{aligned} \bullet : & G \times G \longrightarrow G \\ & (g,x) \mapsto g \bullet x = gxg^{-1} \end{aligned}$$

é uma ação de G em G chamada **ação por conjugação**. De fato,

(i) $e \bullet x = exe^{-1} = x$, $\forall x \in X$;

(ii)

$$\begin{aligned} g_1 \bullet (g_2 \bullet x) &= g_1 \bullet (g_2 x g_2^{-1}) = g_1 g_2 x g_2^{-1} g_1^{-1} \\ &= (g_1 g_2) \bullet x, \ \forall g_1, g_2 \in G \text{ e } \forall x \in G. \end{aligned}$$

■

■ **Exemplo 5.3** Dado X um conjunto não vazio e $G = Bij(X)$ o grupo das bijeções de X em X, então

$$\begin{aligned} \bullet : & G \times X \longrightarrow X \\ & (\sigma,x) \mapsto \sigma \bullet x = \sigma(x) \end{aligned}$$

é uma ação de G em X chamada **ação por representação**. De fato,

(i) $id_X \bullet x = id_X(x) = x$, $\forall x \in X$;

(ii) $\alpha \bullet (\beta \bullet x) = \alpha \bullet (\beta(x)) = \alpha(\beta(x)) = (\alpha \circ \beta)(x) = (\alpha \circ \beta) \bullet x$, $\forall \alpha, \beta \in G = Bij(X)$ e $\forall x \in X$.

■

Lema 5.1 Seja G um grupo e X um $G-$conjunto. Se $y = g \bullet x$, onde $x, y \in X$, $g \in G$ e $\bullet$ indica a ação de G em X, então $x = g^{-1} \bullet y$.

Demonstração. Considerando $y = g \bullet x$, segue que

$$g^{-1} \bullet y = g^{-1} \bullet (g \bullet x) = (g^{-1} g) \bullet x = e \bullet x = x,$$

isto é, $x = g^{-1} \bullet y$. ■

Proposição 5.2 Seja G um grupo e X um $G-$conjunto. Dados $x, y \in X$, a relação

$$x \sim_G y \Longleftrightarrow y = g \bullet x, \text{ para algum } g \in G$$

define uma relação de equivalência, a qual denominaremos de $G-$**equivalência**.

Demonstração. Sejam $x, y, z \in X$.

- Reflexiva:
  $x \sim_G x$, pois $x = e \bullet x$, onde $e \in G$.
- Simétrica:

$$\begin{aligned} x \sim_G y &\Longrightarrow y = g \bullet x, \text{ onde } g \in G \\ &\overset{\text{Lema 5.1}}{\Longrightarrow} x = g^{-1} \bullet y, \text{ onde } g^{-1} \in G \\ &\Longrightarrow y \sim_G x. \end{aligned}$$

- Transitiva:

$$\begin{aligned} & x \sim_G y \text{ e } y \sim_G z \\ &\Longrightarrow y = g_1 \bullet x \text{ e } z = g_2 \bullet y, \text{ onde } g_1, g_2 \in G \\ &\Longrightarrow z = g_2 \bullet (g_1 \bullet x) = (g_1 g_2) \bullet x, \text{ com } g_1 g_2 \in G \\ &\Longrightarrow x \sim_G z. \end{aligned}$$

■

Definição 5.2 Considere G um grupo, X um $G-$conjunto e $\sim_G$ a relação de $G-$equivalência. Dado $x \in X$, definimos como a **órbita** de x, denotada por $Orb(x)$, a classe de equivalência de x pela relação $\sim_G$. Isto é: $Orb(x) = \{y \in X \mid y \sim_G x\}$.

Dado $x \in X$, uma vez que $Orb(x)$ é uma classe de equivalência, temos algumas propriedades imediatas.

Considere G um grupo e X um $G-$conjunto. Dados $x, y \in X$:

(a) $x \sim_G y \Longleftrightarrow Orb(x) = Orb(y)$;

(b) ou $Orb(x) \cap Orb(y) = \emptyset$ ou $Orb(x) = Orb(y)$;

(c) $X = \dot{\bigcup}_{x_\alpha \in X} Orb(x_\alpha)$, onde $x_\alpha \in X$ é um representante de cada $\alpha-$classe de equivalência.

■ **Exemplo 5.4** Seja G um grupo. Considerando a ação

$$\begin{aligned} \bullet : & G \times G \longrightarrow G \\ & (g,x) \mapsto gx \end{aligned}$$

temos que $Orb(x) = G$, $\forall x \in G$. Veja, dado $x \in G$:

- $Orb(x) \subset G$.

$$\begin{aligned} g \in Orb(x) & \Longrightarrow g \sim_G x \\ & \Longrightarrow x = ag, \text{ onde } a \in G \\ & \Longrightarrow g = a^{-1}x \in G, \text{ pois } a^{-1}, x \in G. \end{aligned}$$

- $G \subset Orb(x)$.

$$\begin{aligned} g \in G & \Longrightarrow g = (gx^{-1})x, \text{ onde } gx^{-1} \in G \\ & \Longrightarrow g \sim_G x \\ & \Longrightarrow g \in Orb(x). \end{aligned}$$

■

■ **Exemplo 5.5** Seja G um grupo. Considere a ação por conjugação

$$\begin{aligned} \bullet : & G \times G \longrightarrow G \\ & (g,x) \mapsto gxg^{-1}. \end{aligned}$$

Então, $Orb(x) = \{y \in G \mid y \sim_G x\} = \{y = gxg^{-1} \mid g \in G\}$. ∎

∎ **Exemplo 5.6** Seja X um conjunto não vazio e $Bij(X)$ o grupo das bijeções de X em X. Considere a ação por representação

$$\begin{aligned} \bullet : G \times X &\longrightarrow X \\ (\sigma, x) &\mapsto \sigma(x). \end{aligned}$$

Então, $Orb(x) = X$, $\forall x \in X$. De fato, dado $x \in X$:

- $Orb(x) \subset X$.

$$y \in Orb(x) \implies y \sim_G x \implies y = \sigma(x) \implies y \in X.$$

- $X \subset Orb(x)$.
  Tome $y \in X$. Considere $\alpha : X \longrightarrow X$, onde
  $\alpha(z) = \begin{cases} y, & \text{se } z = x \\ x, & \text{se } z = y \\ z, & \text{se } z \notin \{x, y\} \end{cases}$. Perceba que $\alpha \in Bij(X)$
  e $y = \alpha(x)$. Portanto, $y \sim_G x$ e $y \in Orb(x)$.

∎

Definição 5.3 Considere G um grupo, X um $G-$conjunto e $Y \subset X$. Definimos o **estabilizador** de Y pela ação de G como $E(Y) = \{g \in G \mid g \bullet y = y,\ \forall y \in Y\}$. Quando $Y = \{x\}$, denotamos $E(\{x\}) = E(x)$.

Lema 5.3 Seja G um grupo, X um $G-$conjunto e $Y \subset X$. Se $g \in E(Y)$, então $g^{-1} \in E(Y)$.

Demonstração.

$$\begin{aligned} g \in E(Y) &\Longrightarrow g \bullet y = y,\ \forall y \in Y \\ &\Longrightarrow g^{-1} \bullet (g \bullet y) = g^{-1} \bullet y,\ \forall y \in Y \\ &\Longrightarrow (g^{-1}g) \bullet y = g^{-1} \bullet y,\ \forall y \in Y \\ &\Longrightarrow y = g^{-1} \bullet y, \forall y \in Y \\ &\Longrightarrow g^{-1} \in E(Y). \end{aligned}$$

■

Proposição 5.4 Considere G um grupo, X um $G-$conjunto e $Y \subset X$. Então $E(Y) < G$.

Demonstração. Dados $g_1, g_2 \in E(Y)$,

$$(g_1 g_2^{-1}) \bullet y = g_1 \bullet (g_2^{-1} \bullet y) \overset{\text{Lema 5.3}}{=} g_1 \bullet y = y,\ \forall y \in Y.$$

Portanto, $g_1 g_2^{-1} \in E(Y)$ e, assim, $E(Y) < G$. ■

Definição 5.4 Seja G um grupo e X um $G-$conjunto. Um elemento $x \in X$ é chamado de **ponto fixo** pela ação de G, quando $E(x) = G$, ou seja, quando $g \bullet x = x$, $\forall g \in G$. Denotamos o conjunto de todos os pontos fixos de X pela ação de G por $Fix(X)$.

■ **Exemplo 5.7** Seja G um grupo e considere a ação por conjugação

$$\begin{aligned} \bullet : G \times G &\longrightarrow G \\ (g, x) &\mapsto gxg^{-1}. \end{aligned}$$

Dado $x \in G$, temos

$$\begin{aligned} E(x) &= \{g \in G \mid g \bullet x = x\} = \{g \in G \mid gxg^{-1} = x\} \\ &= \{g \in G \mid gx = xg\} = C(x), \end{aligned}$$

onde $C(x)$ é chamado **centralizador** de $x \in G$. Note que $C(x) < G$, pois $C(x) = E(x)$ na ação conjugação. Também,

$$\begin{aligned} Fix(G) &= \{x \in G \mid E(x) = G\} = \{x \in G \mid C(x) = G\} \\ &= \{x \in G \mid gx = xg, \forall g \in G\} = Z(G), \end{aligned}$$

onde $Z(G)$ é o centro do grupo G. ∎

Proposição 5.5 Seja G um grupo e X um $G-$conjunto. Dado $x \in X$, defina $\theta_x : \dfrac{G}{E(x)} \longrightarrow Orb(x)$, onde $\dfrac{G}{E(x)}$ representa o conjunto de todas as classes laterais à esquerda de $E(x)$, dada por $\theta_x(gE(x)) = g \bullet x$. Então, θ_x é uma bijeção.

Demonstração. • θ_x está bem definida.

Dados $g_1E(x), g_2E(x) \in \dfrac{E}{E(x)}$ com $g_1E(x) = g_2E(x)$, temos:

$$\begin{aligned} g_1E(x) = g_2E(x) &\Longrightarrow g_1^{-1}g_2 \in E(x) \\ &\Longrightarrow (g_1^{-1}g_2) \bullet x = x \\ &\Longrightarrow g_1^{-1} \bullet (g_2 \bullet x) = x \\ &\Longrightarrow g_2 \bullet x = g_1 \bullet x \\ &\Longrightarrow \theta_x(g_1E(x)) = \theta_x(g_2E(x)). \end{aligned}$$

• θ_x é injetora.

Dados $g_1E(x), g_2E(x) \in \dfrac{E}{E(x)}$ com $\theta_x(g_1E(x)) = \theta_x(g_2E(x))$, temos:

$$\begin{aligned} g_1 \bullet x = g_2 \bullet x &\Longrightarrow g_1^{-1} \bullet (g_2 \bullet x) = x \\ &\Longrightarrow (g_1^{-1} g_2) \bullet x = x \\ &\Longrightarrow g_1^{-1} g_2 \in E(x) \\ &\Longrightarrow g_1E(x) = g_2E(x). \end{aligned}$$

- θ_x é sobrejetora.
  Dado $y \in Orb(x)$, existe $g \in G$ tal que $y = g \bullet x$.
  Tome $gE(x) \in \dfrac{G}{E(x)}$ e, assim, $\theta_x(gE(x)) = y$.

Portanto, θ_x é uma bijeção. ■

Corolário 5.6 Considere G um grupo e X um $G-$conjunto. Então, dado $x \in X$, $|Orb(x)| = (G : E(x))$.

Demonstração. Existe uma bijeção entre $\dfrac{G}{E(x)}$ e $Orb(x)$. Então, as cardinalidades são iguais, isto é,

$$|Orb(x)| = (G : E(x)).$$

■

Proposição 5.7 Seja G um grupo e X um $G-$conjunto. Então $x \in Fix(X)$ se, e somente se, $Orb(x) = \{x\}$.

Demonstração. ($\Longrightarrow$) Dado $x \in Fix(X)$, então $Orb(x) = \{g \bullet x \mid g \in G\} = \{x \mid g \in G\} = \{x\}$.

($\Longleftarrow$) $Orb(x) = \{x\} \Longrightarrow g \bullet x = x, \forall g \in G \Longrightarrow x \in Fix(X)$. ■

5.2 Equação de classes

Seja G um grupo e X um $G-$conjunto finito. Sabemos que $X = \dot{\bigcup}_{x_\alpha \in X} Orb(x_\alpha)$, onde $x_\alpha \in X$ é um representante de cada uma das órbitas. Suponha que X possua r órbitas disjuntas. Podemos escrever $X = \dot{\bigcup}_{1 \leq i \leq r} Orb(x_i)$. Mas, como visto na Proposição 5.7, se uma órbita possui 1 único elemento, então tal elemento pertence à $Fix(X)$. Sendo assim, podemos escrever

$$X = Fix(X) \dot{\bigcup} \left(\dot{\bigcup}_{1 \leq i \leq k} Orb(x_i) \right),$$

onde $x_1, \ldots, x_k$ são representantes de cada órbita de X que possui mais de 1 elemento. Portanto, é correto dizer que

$$|X| = |Fix(X)| + \sum_{i=1}^{k} |Orb(x_i)|.$$

Como $|Orb(x_i)| = (G : E(x_i))$,

$$|X| = |Fix(X)| + \sum_{i=1}^{k} (G : E(x_i)).$$

Essa equação recebe o nome de **Equação de Classes pela Ação de G em X.**

No caso particular onde $X = G$ (finito) e a ação é a conjugação, vimos que $Fix(X) = Z(G)$ e $E(x_i) = C(x_i)$, onde $Z(G)$ é o centro do grupo G e $C(x_i)$ é o centralizador de x_i. Assim,

$$|G| = |Z(G)| + \sum_{i=1}^{k} (G : C(x_i)).$$

Essa equação recebe o nome de **Equação de Classes de Conjugação em G.**

5.3 O Teorema de Cauchy

Considere que p denota um número primo. Nesta seção, estudaremos $p-$grupos e o Teorema de Cauchy. Basicamente, estaremos interessados em alguns grupos finitos e os fatores primos de suas ordens.

Definição 5.5 Dizemos que um grupo finito G é um $p-$**grupo** se $|G| = p^m$, para algum $m \in \mathbb{N}$, onde p é primo.

Proposição 5.8 Se G é um $p-$grupo, então $p \mid |Z(G)|$.

Demonstração. Considere a Equação de Classes de Conjugação, então

$$|G| = |Z(G)| + \sum_{i=1}^{k} (G : C(x_i)) = |Z(G)| + \sum_{i=1}^{k} |Orb(x_i)|,$$

onde $x_1, \ldots, x_k$ são representantes de cada órbita de G com mais de 1 elemento. Assim,

$$|G| = |Z(G)| + n_1 + n_2 + \ldots + n_k,$$

onde $(G : C(x_i)) = |Orb(x_i)| = n_i > 1$, $i \in \{1, \ldots, k\}$.

Pelo Teorema de Lagrange, $(G : C(x_i)) \mid |G|$, ou seja, $n_i \mid p^m$. Como $n_i \neq 1$, segue que $n_i = p^r$, onde $1 \leq r \leq m$. Logo, $p \mid n_i$ para cada $i \in \{1, \ldots, k\}$.

Assim, $p \mid |G|$ e $p \mid n_i$ para cada $i \in \{1, \ldots, k\}$. Então,

$$p \mid (|G| - n_1 - n_2 - \ldots - n_k),$$

ou seja, $p \mid |Z(G)|$. ■

Corolário 5.9 Se G é um $p-$grupo tal que $|G| = p^2$, então G é abeliano.

Demonstração. Pela Proposição 5.8, $p \mid |Z(G)|$. Pelo Teorema de Lagrange, $|Z(G)| \mid p^2$. A princípio, $|Z(G)| \in \{1, p, p^2\}$, mas como $p \mid |Z(G)|$, segue que $|Z(G)| \neq 1$.

Supondo $|Z(G)| = p$, então, pelo Teorema de Lagrange, $(G : Z(G)) = \dfrac{|G|}{|Z(G)|} = \dfrac{p^2}{p} = p$ é primo. Absurdo! Contraria o Corolário 3.7.

Portanto, $|Z(G)| = p^2 = |G|$. Então, $Z(G) = G$, o que implica que G é grupo abeliano. ∎

Nosso próximo objetivo será provar que em todo grupo finito G cuja a ordem possui um fator primo p, certamente existe um elemento com ordem p. Para isso, vamos, primeiramente, supor que G seja abeliano (Lema de Cauchy), para depois demonstrar o caso geral (Teorema de Cauchy).

Lema 5.10 — **Cauchy.** Seja G um grupo abeliano finito e p um primo tal que $p \mid |G|$. Então, existe um elemento de G com ordem p.

Demonstração. Faremos por indução sobre $|G| \geq 2$.

(i) Para $|G| = 2$, temos $G = \{e, a\}$, com $a \neq e$. Como $p \mid 2$ e p é primo, segue que $p = 2$ e a possui ordem p, isto é, $\mathscr{O}(a) = p$.

(ii) Suponha que o resultado vale para todo grupo abeliano com ordem maior que 2 e menor que $|G|$.

(iii) Como $p \mid |G|$, escreva $|G| = p \cdot b$, onde $b \geq 1$. Dado $y \in G$, com $y \neq e$, temos duas possibilidades:

1ª) $G = <y> \Longrightarrow |G| = |<y>| \Longrightarrow p \cdot b = |<y>| \Longrightarrow |<y^b>| = p \Longrightarrow \mathscr{O}(y^b) = p$, onde $y^b \in G$.

2ª) Se $G \neq <y>$, denote $H = <y>$, como G é abeliano, $H = <y> \lhd G$. Note que $H \neq G$.

- Se $p \mid |H|$, então existe $x \in H$ tal que $\mathscr{O}(x) = p$, ou seja, existe $x \in G$ tal que $\mathscr{O}(x) = p$.
- Se $p \nmid |H|$, então $p \mid (G:H)$, pois $p \mid |G|$ e $|G| = |H| \cdot (G:H)$. Então,

$$p \mid (G:H) \text{ onde } \frac{G}{H} < G$$
$$\overset{H.I.}{\Longrightarrow} \exists xH \in \frac{G}{H} \mid \mathscr{O}(x) = p.$$

  Seja $r = \mathscr{O}(x)$. Como $(xH)^r = x^r H = eH = H$, então $p \mid r$. Assim, existe $m \in \mathbb{Z}$ tal que $r = m \cdot p$. Como, $\mathscr{O}(x) = r = m \cdot p$, então $\mathscr{O}(x^m) = p$, onde $x^m \in G$.

De todo modo, sempre existe um elemento de G com ordem p.

■

Agora, vamos repetir o resultado, mas sem a hipótese do grupo G ser abeliano.

Teorema 5.11 — **Cauchy.** Seja G um grupo finito e p um primo tal que $p \mid |G|$. Então, existe um elemento de G com ordem p.

Demonstração. Faremos por indução sobre $|G| \geq 2$.

(i) Para $|G| = 2$, temos $G = \{e, a\}$, com $a \neq e$. Como $p \mid 2$ e p é primo, segue que $p = 2$ e a possui ordem p, isto é, $\mathscr{O}(a) = p$.

(ii) Suponha que o resultado vale para todo grupo com ordem maior que 2 e menor que $|G|$.

(iii) Considere a Equação de Classes de Conjugação,

$$|G| = |Z(G)| + \sum_{i=1}^{k} (G : C(x_i)).$$

Analisemos duas possibilidades:

1ª) Se $p \mid |C(x_i)|$ para algum $i \in \{1, \ldots, k\}$, então temos pela hipótese de indução que existe um elemento de $C(x_i) < G$ com ordem p, portanto, existe um elemento de G com ordem p.

2ª) Se $p \nmid |C(x_i)|$ para todo $i \in \{1, \ldots, k\}$, então $p \mid (G : C(x_i))$, pois $|G| = (G : C(x_i)) \cdot |C(x_i)|$ e $p \mid |G|$. Então $p \mid |G|$ e $p \mid \sum_{i=1}^{k}(G : C(x_i))$. Assim, $p \mid \left(|G| - \sum_{i=1}^{k} (G : C(x_i)) \right)$, o que implica que $p \mid |Z(G)|$.
Mas $Z(G)$ é abeliano, pelo Lema de Cauchy, existe um elemento de $Z(G) < G$ com ordem p, portanto, existe um elemento de G com ordem p.

De todo modo, sempre existe um elemento de G com ordem p.

■

5.4 Os Teoremas de Sylow

Para entender a importância dos Teoremas de Sylow, precisamos recordar o Teorema de Lagrange, que diz que sendo G um grupo finito e $H < G$, então $|H| \mid |G|$. Uma pergunta pode surgir naturalmente: vale a recíproca do Teorema de Lagrange? Ou seja, sendo G um grupo finito onde $m \mid |G|$, existe $H < G$ tal que $|H| = m$?

Ao longo desta seção mostraremos que se $|G| \leq 11$, a resposta é sim! Mas, em geral, a recíproca não vale. Por exemplo, considere o grupo alternado de grau 4, $A_4 = \{\alpha \in S_4 \mid \varepsilon(\alpha) = 1\}$. De acordo com a Proposição 4.15, temos $|A_4| = \dfrac{4!}{2} = 12$ e, nesse caso, não há subgrupos de ordem 6.

Nesse contexto, os Teoremas de Sylow são muito importantes, pois encontram condições e casos para os quais a recíproca do Teorema de Lagrange valeria. Os Teoremas estabelecem condições para que seja possível afirmar que sendo k divisor de $|G|$, exista subgrupo $H < G$ com $|H| = k$.

Teorema 5.12 — **1º Teorema de Sylow.** Seja G grupo finito onde $|G| = p^m \cdot b$ com p primo e $b, m \in \mathbb{N}$ onde $p \nmid b$. Para cada $j \in \{0, \ldots, m\}$, existe $H < G$ tal que $|H| = p^j$.

Demonstração. Faremos por indução sobre $|G| \geq 2$.

(i) Para $|G| = 2 = 2^1 \cdot 1$, $p = 2$. Assim, $\{e\}$ é um subgrupo de G com ordem 2^0 e G é um subgrupo de G com ordem 2^1.

(ii) Suponha que a propriedade vale para todo grupo com ordem maior que 2 e menor que $|G|$.

(iii) Como $|G| = p^m \cdot b$, temos que $p^j \mid |G|$, para qualquer $j \in \{0, \ldots, m\}$. Considere a Equação de Classes de Conjugação,

$$|G| = |Z(G)| + \sum_{i=1}^{k} (G : C(x_i)).$$

Dado $j \in \{0, \ldots, m\}$, vamos dividir em duas possibilidades:

1ª) Se $p^j \nmid (G : C(x_i))$ para todo $i \in \{1, \ldots, k\}$, então $p^j \mid |C(x_i)|$, pois $p^j \mid |G|$ e $|G| = (G : C(x_i)) \cdot |C(x_i)|$. Aplicando a hipótese de indução, existe $H < C(x_i) < G$ tal que $|H| = p^j$.

2ª) Se $p^j \mid (G : C(x_i))$, para todo $i \in \{1, \ldots, k\}$, uma vez que $p^j \mid |G|$, segue que $p^j \mid \left(|G| - \sum_{i=1}^{k} (G : C(x_i)) \right)$, o que implica $p^j \mid |Z(G)|$.
Como $p^j \mid |Z(G)|$, então $p \mid |Z(G)|$. Como $Z(G)$ é abeliano, pelo Lema de Cauchy, existe $x \in Z(G)$ com $\mathscr{O}(x) = p$. Considere $< x >$, onde $| < x > | = p$. Temos que $< x > < Z(G)$, então $< x > \triangleleft G$ e podemos considerar o grupo quociente $\dfrac{G}{< x >}$.
Pelo Teorema de Lagrange,

$$|G| = | < x > | \cdot (G :< x >)$$

$$\Longrightarrow (G :< x >) = \frac{|G|}{| < x > |} = \frac{p^m \cdot b}{p} = b \cdot p^{m-1}.$$

Pela hipótese de indução, existe $H' < \dfrac{G}{< x >}$ tal que $|H'| = p^{j-1}$.
Considere a projeção canônica $\pi : G \longrightarrow \dfrac{G}{< x >}$, dada por $\pi(g) = g < x >$. Tome $H = \pi^{-1}(H')$. Assim, $H' = \pi(H) = \dfrac{H}{< x >}$. Logo,

$|H| = |<x>| \cdot (H :<x>) = p \cdot p^{j-1} = p^j$,
$\forall j \in \{0,\ldots,m\}$.

Portanto, de todo modo, existe $H < G$ com $|H| = p^j$, $\forall j \in \{0,\ldots,m\}$.

■

Exemplo 5.8 Provemos que se G é um grupo com $|G| \leq 11$, vale a recíproca do Teorema de Lagrange, isto é, se $m \mid |G|$, existe $H < G$ com $|H| = m$.

- Para $|G| = 1$, não há o que fazer.
- Se $|G| \in \{2,3,5,7,11\}$, G possui ordem prima, portanto é cíclico. Nesse caso, se $m \mid |G|$, então $H =< x^{\frac{|G|}{m}} >$, onde $|G| =< x >$, é tal que $|H| = m$.
- Se $|G| \in \{4,6,9,10\}$, podemos aplicar o Teorema de Cauchy. Todos os divisores próprios são primos e, assim, sempre existirá um sugbrupo com ordem igual a qualquer um dos tais divisores[1].
- Se $|G| = 8$, então $|G| = 2^3 \cdot 1$. Dessa forma, podemos aplicar o 1º Teorema de Sylow com $p = 2$ e $b = 1$. Portanto, existem subgrupos com ordens 2^0, 2^1, 2^2 e 2^3, que são todos os divisores de $|G|$.

Desse modo, se $|G| \leq 11$, segue que se $m \mid |G|$, existe $H < G$ com $|H| = m$. ■

Corolário 5.13 Seja p primo e G um grupo finito com $|G| \geq 2$. Então, G é um $p-$grupo se, e somente se, $\mathscr{O}(x)$ é uma potência de p, para qualquer $x \in G$.

Demonstração. ($\Longrightarrow$) Por hipótese, $|G| = p^t$, para algum $t \in \mathbb{N}$. Pelo Teorema de Lagrange, $|<x>| \mid |G|$, para

[1]Apenas lembre que: $\mathscr{O}(x) = p \Longrightarrow |<x>| = p$.

qualquer $x \in G$. Então, $| < x > | \mid p^t$, ou seja, $| < x > | = \mathscr{O}(x) = p^i$, onde $i \in \{0, \ldots, t\}$.

($\Longleftarrow$) Seja $x \in G$ com $x \neq e$. Por hipótese, $\mathscr{O}(x) = p^l$ para algum $l \in \mathbb{N}$. Pelo Teorema de Lagrange, $| < x > | \mid |G|$, ou seja, $\mathscr{O}(x) \mid |G|$. Como $p \mid \mathscr{O}(x)$ e $\mathscr{O}(x) \mid |G|$, segue que $p \mid |G|$. Assim, $|G| = p^m \cdot b$, onde $m, b \in \mathbb{N}$ e $p \nmid b$.

Provemos que $b = 1$.

Suponha $b > 1$. Assim, existe um primo $q \in \mathbb{N}$ tal que $q \mid b$. Como $p \nmid b$, segue que $q \neq p$. Note que $q \mid b$ e $b \mid |G|$, então $q \mid |G|$. Pelo Teorema de Cauchy, existe $y \in G$ com $\mathscr{O}(y) = q$. Por hipótese, existe $r \in \mathbb{N}$ com $\mathscr{O}(y) = p^r$. Assim,

$$q = p^r \Longrightarrow q = p \cdot p^{r-1} \Longrightarrow p \mid q.$$

Como p e q são primos, segue que $p = q$. Absurdo!

Logo, $b = 1$. Portanto, $|G| = p^m \cdot 1 = p^m$ e G é um $p-$grupo. ■

Definição 5.6 Seja G um grupo. Denote $X = \{\text{subgrupos de } G\}$. A aplicação $\bullet : G \times X \longrightarrow X$ tal que $(g, H) \mapsto g \bullet H = gHg^{-1}$ é uma ação de G em X. Definimos o **normalizador** de $H < G$ como $N(H) = E(H) = \{g \in G \mid g \bullet H = H\} = \{g \in G \mid gHg^{-1} = H\}$.

Considerando a ação da Definição 5.6, temos

$$|Orb(H)| = (G : E(H)) = (G : N(H)).$$

Proposição 5.14 Seja G um grupo e $H < G$. Então:

(a) $H \lhd N(H)$;

(b) Se $K < G$ e $H \lhd K$, então $K \subset N(H)$;

(c) $H \lhd G \Longleftrightarrow N(H) = G$.

Demonstração. (a) Dado $x \in N(H)$, temos $xHx^{-1} = H$, pela Proposição 3.1, segue que $H \lhd N(H)$.

(b) $k \in K \overset{H \lhd K}{\Longrightarrow} kHk^{-1} = H \Longrightarrow k \in N(H)$.

(c) $(\Longrightarrow)$ $H \lhd G \overset{(b)}{\Longrightarrow} G \subset N(H)$, pois $G \lhd G$.
Como $N(H) \subset G$, segue que $G = N(H)$.
$(\Longleftarrow)$ Se $N(H) = G$, por (a), $H \lhd N(H) = G$, ou seja, $H \lhd G$.

■

Definição 5.7 Seja G um grupo finito com $|G| = p^m \cdot b$, onde p é primo, $m, b \in \mathbb{N}$ e $p \nmid b$.

(a) Dizemos que $H < G$ é um $p-$**subgrupo** de G se H é um $p-$grupo;

(b) Dizemos que $H < G$ é um $p-$**subgrupo de Sylow** de G se $|H| = p^m$, ou seja, a ordem de H é a maior potência de p que divide a ordem de G.

Definição 5.8 Seja G um grupo e K e L subgrupos de G. Dizemos que K e L são **conjugados** quando $gKg^{-1} = L$, para algum $g \in G$.

Lema 5.15 Seja G um grupo finito e $K < G$. O número de subgrupos conjugados com K é $(G : N(K))$.

Demonstração. Denote $X = \{N(K)g \mid g \in G\}$. Assim, $|X| = (G : N(K))$. Denote $Y = \{L < G \mid gKg^{-1} = L,\ g \in G\}$. Provemos que a aplicação $f : X \longrightarrow Y$, dada por $f(N(K)g) = gKg^{-1}$, é uma bijeção.

- f é injetora.

Dados $N(K)g_1, N(K)g_2 \in X$ com
$f(N(K)g_1) = f(N(K)g_2)$,

$$\begin{aligned} g_1Kg_1^{-1} = g_2Kg_2^{-1} &\Longrightarrow g_2^{-1}g_1Kg_1^{-1}g_2 = K \\ &\Longrightarrow g_2^{-1}g_1K(g_2^{-1}g_1)^{-1} = K \\ &\Longrightarrow g_2^{-1}g_1 \in N(K) \\ &\Longrightarrow N(K)g_1 = N(K)g_2. \end{aligned}$$

- f é sobrejetora.
  Dado $gKg^{-1} \in Y$, tome $N(K)g \in X$ e, assim,
  $f(N(K)g) = gKg^{-1}$.

Como f é bijetora, $|X| = |Y| = (G : N(K))$. ■

Teorema 5.16 — 2º Teorema de Sylow. Seja G um grupo finito onde $|G| = p^m \cdot b$, com p primo e $m, b \in \mathbb{N}$ onde $p \nmid b$. Então:

(a) Se H e K são $p-$subgrupos de Sylow de G, então existe $x \in G$ tal que $xKx^{-1} = H$, isto é, K e H são conjugados;

(b) O número n_p de $p-$subgrupos de Sylow de G é $(G : N(P))$, onde P é um $p-$subgrupo de Sylow de G qualquer.

Demonstração. (a) Suponha que $H \neq xKx^{-1}$, para todo $x \in G$. Como $|H| = |K| = p^m$ e $|K| = |xKx^{-1}|$, então $|H \cap (xKx^{-1})| = p^n$, onde $0 \leq n < m$.
Dado $x \in G$, temos $HxK = \{hxk \mid h \in H \text{ e } k \in K\}$ que é subgrupo de G e

$$\begin{aligned} |HxK| = |HxKx^{-1}| &= \frac{|H| \cdot |xKx^{-1}|}{|H \cap (xKx^{-1})|} = \frac{|H| \cdot |K|}{|H \cap (xKx^{-1})|} \\ &= \frac{p^m \cdot p^m}{p^n} = p^{2m-n}. \end{aligned}$$

Como $m > n$, temos $m - n > 0$ e, assim, $m - n \geq 1$. Então, $2m - n = m + (m - n) \geq m + 1$. Assim, $p^{m+1} \mid p^{2m-n}$ e, como $p^{2m-n} \mid |HxK|$, segue que $p^{m+1} \mid |HxK|$. Então, $p^{m+1} \mid |G|$, pois $|G| = |HxK| \cdot (G : HxK)$. Absurdo! Pois p^m é a maior potência de p que divide $|G|$. Logo, existe $x \in G$ tal que $H = xKx^{-1}$.

(b) Sejam $X = \{p-$subgrupos de Sylow de $G\}$ e $Y = \{S \subset G \mid xPx^{-1} = S\}$. No item (a), vimos que $X \subset Y$. Provemos que $Y \subset X$.

$$S = xPx^{-1} \implies Sx = xP \implies |Sx| = |xP| \implies |S| = |P| = p^m.$$

Portanto, S é $p-$subgrupo de Sylow de G.
Como $X \subset Y$ e $Y \subset X$, temos $X = Y$. Pelo Lema 5.15, $n_p = (G : N(P))$.

■

Lema 5.17 Seja G um $p-$grupo e X um $G-$conjunto finito. Então, $|X| \equiv |Fix(X)| \ (mod\ p)$.

Demonstração. Seja a Equação de Classes pela Ação de G em X,

$$|X| = |Fix(X)| + \sum_{i=1}^{k} (G : E(x_i)).$$

Considere $|G| = p^n$. Usando o Teorema de Lagrange, $(G : E(x_i)) \mid |G|$, para todo $i \in \{1, \ldots, k\}$. Segue que $(G : E(x_i)) \mid p^n$, para todo $i \in \{1, \ldots, k\}$.

Assim, $(G : E(x_i)) = p^k$, onde $0 \leq k \leq n$. Então, $p \mid (G : E(x_i))$ e, dessa forma, $p \mid \sum_{i=1}^{k}(G : E(x_i))$. Então, $p \mid (X - Fix(X))$. Portanto, $|X| \equiv |Fix(X)| \ (mod\ p)$. ■

Teorema 5.18 — **3º Teorema de Sylow.** Seja G um grupo finito com $|G| = p^m \cdot b$, onde p é primo, $m, b \in \mathbb{N}$ e $p \nmid b$. Se n_p é o número de $p-$subgrupos de Sylow de G, então:

(a) $n_p \mid b$;

(b) $n_p \equiv 1 \ (mod\ p)$.

Demonstração. (a) Dado P um $p-$subgrupo de Sylow de G, pelo 2º Teorema de Sylow, sabemos que $n_p = (G : N(P))$. Então,

$$\begin{aligned} |G| = |P| \cdot (G : P) &\Longrightarrow p^m \cdot b = p^m \cdot (G : P) \\ &\Longrightarrow b = (G : P). \end{aligned}$$

Por outro lado,

$$\begin{aligned} &(G : P) = (G : N(P)) \cdot (N(P) : P) \\ &\Longrightarrow b = n_p \cdot (N(P) : P) \Longrightarrow n_p \mid b. \end{aligned}$$

(b) Seja P um $p-$subgrupo de Sylow de G. Denote por $X = \{p - \text{subgrupos de Sylow de } G\}$. Considere a ação conjugação de P em X:

$$\begin{aligned} \bullet : P \times X &\longrightarrow X \\ (y, S) &\mapsto ySy^{-1}. \end{aligned}$$

Pelo Lema 5.17, $|X| \equiv |Fix(X)| \ (mod\ p)$. Como $|X| = n_p$, segue que $n_p \equiv |Fix(X)| \ (mod\ p)$.

Calculemos $|Fix(X)|$.

$$\begin{aligned} Fix(X) &= \{S \in X \mid ySy^{-1} = S, \ \forall y \in P\} \\ &= \{S \in X \mid yS = Sy, \ \forall y \in P\} \\ &\overset{\text{Prop. 3.1}}{=} \{S \in X \mid S \triangleleft P\}. \end{aligned}$$

Como $S \triangleleft P$ e $|S| = |P|$, pois ambos são $p-$subgrupos de Sylow de G, segue que $S = P$. Assim, $Fix(X) = \{P\}$ e $|Fix(X)| = 1$.
Portanto, $n_p \equiv 1 \ (mod \ p)$.

■

5.5 Exercícios

1. Mostre que a aplicação $GL_2(\mathbb{R}) \times \mathbb{R}^2 \longrightarrow \mathbb{R}^2$, dada pelo produto de matrizes $\begin{pmatrix} a & b \\ c & d \end{pmatrix} \cdot \begin{pmatrix} x \\ y \end{pmatrix}$, é uma ação do grupo $GL_2(\mathbb{R})$ no conjunto $\mathbb{R}^2$.
2. Seja G um grupo e X o conjunto de todos os subgrupos de G. Mostre que a aplicação $G \times X \longrightarrow X$ tal que $(g, H) \mapsto gHg^{-1}$ é uma ação de G em X.
3. Verifique que o grupo alternado A_4 possui 4 classes de conjugação, com equação de classes $|A_4| = 1 + 3 + 4 + 4$.
4. Considere G um $p-$grupo finito, $Z(G)$ o seu centro e $H \neq \{e\}$ um subgrupo normal de G. Demonstre que $Z(G) \cap H \neq \{e\}$.
5. Considere G um $p-$grupo finito, $Z(G)$ o seu centro e H um subgrupo normal de G tal que $|H| = p$. Mostre que $H \subset Z(G)$.
6. Seja H um $p-$subgrupo de um grupo finito G. Prove que $(N(H) : H) \equiv (G : H) \ (mod \ p)$.

7. Seja H um $p-$subgrupo de um grupo finito G. Mostre que se $p \mid (G:H)$, então $N(H) \neq H$.
8. Prove que todo grupo de ordem $11^2 \cdot 32^2$ é abeliano.
9. Prove que todo grupo de ordem 33, 55 ou 65 é cíclico.
10. Mostre que o grupo alternado A_{12} não possui subgrupo de ordem 33.
11. Prove que todo grupo de ordem 45 possui um subgrupo normal de ordem 9.

> *Um grupo G é dito* ***simples*** *quando $\{e\}$ e G são os seus únicos subgrupos normais.*

12. Mostre que nenhum grupo de ordem 15 é simples.
13. Mostre que se p é um número ímpar, então um grupo de ordem $2p$ não é simples.
14. Prove que todo grupo finito simples de ordem não prima possui ordem par.
15. Mostre que:
    a) Se G é um grupo de ordem pq onde p e q são primos distintos, então G não é simples.
    b) Se G é um grupo de ordem pqr onde p, q e r são primos distintos, então G não é simples.

6. Anéis, domínios e corpos

Anel é uma estrutura algébrica composta por um conjunto não vazio munido de duas operações satisfazendo uma lista de axiomas. A teoria dos anéis é muito recente, seu desenvolvimento, na forma em que conhecemos hoje, se deu a partir do século XX.

No entanto, as primeiras concepções que levaram ao desenvolvimento da teoria, nasceram no final do século XIX, com Richard Dedekind e David Hilbert, enquanto estudavam, respectivamente, uma generalização para o Teorema Fundamental da Aritmética e polinômios.

Quem mais contribuiu para o desenvolvimento da Teoria dos Anéis como conhecemos hoje foi Emmy Noether, já no século XX. O conceito abstrato de anéis surgiu em seu trabalho *Ideal Theory in Rings*[1].

[1]Tradução em inglês do original *Idealtheorie in Ringbereichen*. O leitor pode consultar as referências bibliográficas deste livro para encontrar o acesso para essa obra.

6.1 Anéis

Definição 6.1 Seja A um conjunto não vazio munido de duas operações $+ : A \times A \longrightarrow A$ e $\cdot : A \times A \longrightarrow A$. Dizemos que $(A, +, \cdot)$ é um **anel** quando:

(a) $(A, +)$ é um grupo abeliano;

(b) $a \cdot (b \cdot c) = (a \cdot b) \cdot c$, $\forall a, b, c \in A$;

(c) $a \cdot (b + c) = a \cdot b + a \cdot c$ e
$(a + b) \cdot c = a \cdot c + b \cdot c$, $\forall a, b, c \in A$.

Quando não houver perigo de confusão, podemos indicar o anel $(A, +, \cdot)$ apenas como anel A, deixando as operações subentendidas. Costuma-se chamar a primeira operação de aditiva e a segunda de multiplicativa, embora seja importante observar que elas geralmente não representam as operações usuais de adição e multiplicação.

Definição 6.2 Considere $(A, +, \cdot)$ um anel. Se existir um elemento $e_{\cdot} \in A$ tal que $a \cdot e_{\cdot} = e_{\cdot} \cdot a = a$, $\forall a \in A$, dizemos que o anel A possui **unidade**, isto é, $e_{\cdot}$ é o elemento unidade de A.

Definição 6.3 Considere $(A, +, \cdot)$ um anel. Se $a \cdot b = b \cdot a$, $\forall a, b \in A$, dizemos que A é um **anel comutativo**.

Em um anel $(A, +, \cdot)$, costuma-se denotar o elemento neutro aditivo e_{+} por 0 e o elemento unidade $e_{\cdot}$, quando existir, por 1. O leitor deve estar ciente que são apenas notações e que não indicam, necessariamente, os números zero e um. Os elementos simétricos na operação aditiva são denotados da seguinte forma: dado $a \in A$, então $-a \in A$ denota o simétrico aditivo de a, também chamado de oposto de a.

Vejamos algumas propriedades iniciais.

Proposição 6.1 **— Lei do Cancelamento Aditivo.** Seja A um anel. Se $a,b,c \in A$ e $a+b=a+c$, então $b=c$.

Demonstração. Basta notar que $-a \in A$ e, desse modo:

$$\begin{aligned} a+b=a+c &\Longrightarrow -a+a+b=-a+a+c \\ &\Longrightarrow 0+b=0+c \Longrightarrow b=c. \end{aligned}$$

∎

Proposição 6.2 Se A é um anel com unidade, então o elemento unidade é único.

Demonstração. Suponha que 1 e $1'$ são unidades de um anel A. Então,

$$1'=1'\cdot 1=1$$

Portanto, o elemento unidade é único. ∎

Proposição 6.3 Seja A um anel. Então:

(a) $a\cdot 0=0,\ \forall a\in A$;
(b) $a\cdot(-b)=(-a)\cdot b=-(a\cdot b),\ \forall a,b\in A$;
(c) $(-a)\cdot(-b)=a\cdot b,\ \forall a,b\in A$.

Demonstração. (a)

$$\begin{aligned} a\cdot 0 &= a\cdot(0+0)=a\cdot 0+a\cdot 0 \\ &\Longrightarrow 0+a\cdot 0=a\cdot 0+a\cdot 0 \\ &\Longrightarrow 0=a\cdot 0. \end{aligned}$$

(b)

$$a\cdot b+a\cdot(-b)=a\cdot(b+(-b))=a\cdot 0=0$$

e

$$a \cdot (-b) + a \cdot b = a \cdot (-b + b) = a \cdot 0 = 0.$$

Portanto, $-(a \cdot b) = a \cdot (-b)$. Analogamente se prova que $-(a \cdot b) = (-a) \cdot b$ e segue o resultado.

(c) Pelo item (b),

$$(-a) \cdot (-b) = -(a \cdot (-b)).$$

Também,

$$a \cdot (-b) = -(a \cdot b).$$

Então,

$$(-a) \cdot (-b) = -(-(a \cdot b)) = a \cdot b.$$

■

Agora, vejamos alguns exemplos importantes.

■ **Exemplo 6.1** $(\mathbb{Z}, +, \cdot)$, $(\mathbb{Q}, +, \cdot)$, $(\mathbb{R}, +, \cdot)$ e $(\mathbb{C}, +, \cdot)$, com as operações usuais, são todos anéis comutativos com unidade. ■

■ **Exemplo 6.2** $(\mathbb{Z}_n, \oplus_n, \odot_n)$ é um anel comutativo com unidade $\overline{1}$. ■

■ **Exemplo 6.3** Se A é um anel, então $M_n(A)$, o conjunto das matrizes quadradas de ordem n com entradas em A, munido das operações usuais de matrizes, é um anel não comutativo. ■

■ **Exemplo 6.4** Seja $F(\mathbb{R}) = \{f \mid f : \mathbb{R} \longrightarrow \mathbb{R}\}$ o conjunto de todas as funções reais. Considere as operações $(f+g)(x) = f(x) + g(x)$ e $(f \cdot g)(x) = f(x) \cdot g(x)$, $\forall f, g \in$

$F(\mathbb{R})$. Então $(F(\mathbb{R}),+,\cdot)$ é um anel comutativo com unidade. O leitor pode fazer essa verificação com facilidade. Vale observar que o neutro aditivo, neste caso, é a função $z:\mathbb{R}\longrightarrow\mathbb{R}$ tal que $z(x)=0,\ \forall x\in\mathbb{R}$, o elemento unidade é a função $u:\mathbb{R}\longrightarrow\mathbb{R}$ tal que $u(x)=1,\ \forall x\in\mathbb{R}$, e que a comutatividade no produto é decorrência de $\mathbb{R}$ ser anel comutativo. ∎

∎ **Exemplo 6.5** Como já mencionado previamente, 0 e 1 são apenas notações e não, necessariamente, indicam os números zero e um. Observe que $(\mathbb{R},\oplus,\odot)$ é anel comutativo com unidade com as operações

$$a\oplus b=a+b-3$$

e

$$a\oplus b=a+b-\frac{a\cdot b}{3},$$

para todos $a,b\in\mathbb{R}$. Provemos isto e vejamos quem são os elementos neutro aditivo e unidade.

De fato,

(a) Provemos que $(\mathbb{R},\oplus)$ é grupo abeliano.

Dados $a,b,c\in\mathbb{R}$:

(i)

$$\begin{aligned}(a\oplus b)\oplus c&=(a+b-3)\oplus c\\&=a+b-3+c-3\\&=a+b+c-6\end{aligned}$$

e

$$\begin{aligned}a\oplus(b\oplus c)&=a\oplus(b+c-3)\\&=a+b+c-3-3\\&=a+b+c-6.\end{aligned}$$

Logo, $(a \oplus b) \oplus c = a \oplus (b \oplus c)$.

(ii) O neutro aditivo é $e_+ = 3$, pois, para qualquer $a \in \mathbb{R}$,

$$a \oplus 3 = a + 3 - 3 = a$$

e

$$3 \oplus a = 3 + a - 3 = a.$$

(iii) O oposto de $a \in \mathbb{R}$ é $-a + 6 \in \mathbb{R}$, pois

$$a \oplus (-a+6) = a + (-a) + 6 - 3 = 3 = e_+$$

e

$$(-a+6) \oplus a = -a + 6 + a - 3 = 3 = e_+.$$

(iv) $a \oplus b = a + b - 3 = b + a - 3 = b \oplus a$.

Segue que $(\mathbb{R}, \oplus)$ é grupo abeliano.

(b)

$$\begin{aligned}(a \odot b) \odot c &= \left(a + b - \frac{ab}{3}\right) \odot c \\ &= a + b + c - \frac{ab}{3} - \frac{ac}{3} - \frac{bc}{3} - \frac{abc}{9}\end{aligned}$$

e

$$\begin{aligned}a \odot (b \odot c) &= a \odot \left(b + c - \frac{bc}{3}\right) \\ &= a + b + c - \frac{ab}{3} - \frac{ac}{3} - \frac{bc}{3} - \frac{abc}{9}.\end{aligned}$$

Logo, $(a \odot b) \odot c = a \odot (b \odot c)$.

(c) Faremos apenas uma distributiva. A outra se verifica de modo análogo.

$$\begin{aligned} a \odot (b \oplus c) &= a \odot (b+c-3) \\ &= a+b+c-3-\frac{a\cdot(b+c-3)}{3} \\ &= a+b+c-3+\left(\frac{-ab-ac+3a}{3}\right) \end{aligned}$$

e

$$\begin{aligned} (a\odot b)\oplus(a\odot c) &= \left(a+b-\frac{ab}{3}\right)\oplus\left(a+c-\frac{ac}{3}\right) \\ &= a+b+c-3+\left(\frac{-ab-ac+3a}{3}\right). \end{aligned}$$

Logo, $a\odot(b\oplus c)=(a\odot b)\oplus(a\odot c)$.

(d) O elemento unidade é $e_{\cdot}=0$, pois, para qualquer $a\in\mathbb{R}$,

$$0\odot a = 0+a-\frac{0\cdot a}{3}=a$$

e

$$a\odot 0 = a+0-\frac{a\cdot 0}{3}=a.$$

Portanto, $(\mathbb{R},\oplus,\odot)$ é anel comutativo com unidade. Além disso, o elemento neutro aditivo é o 3 e o elemento unidade é o 0. ∎

Proposição 6.4 Sejam A_1 e A_2 anéis. Considere $A_1\times A_2$ munido das operações

$$(x_1,y_1)\oplus(x_2,y_2)=(x_1+x_2,y_1+y_2)$$

e

$$(x_1,y_1)\odot(x_2,y_2)=(x_1\cdot x_2,y_1\cdot y_2),$$

para quaisquer $(x_1,y_1),(x_2,y_2)\in A_1\times A_2$. Então:

(a) $(A_1 \times A_2, \oplus, \odot)$ é anel;
(b) Se A_1 e A_2 forem anéis com unidade, $A_1 \times A_2$ é anel com unidade;
(c) Se A_1 e A_2 forem anéis comutativos, $A_1 \times A_2$ é anel comutativo.

Demonstração. (a) A verificação será deixada como exercício.

(b) Sejam $1_1 \in A_1$ e $1_2 \in A_2$ as unidades. Então, $(1_1, 1_2)$ é a unidade de $A_1 \times A_2$, pois, para quaisquer $(x,y) \in A_1 \times A_2$,

$$(1_1, 1_2) \odot (x,y) = (1_1 \cdot x, 1_2 \cdot y) = (x,y)$$

e

$$(x,y) \odot (1_1, 1_2) = (x \cdot 1_1, y \cdot 1_2) = (x,y).$$

(c) Se A_1 e A_2 são comutativos, dados $(x_1,y_1),(x_2,y_2) \in A_1 \times A_2$,

$$\begin{aligned}(x_1,y_1) \odot (x_2,y_2) &= (x_1 \cdot x_2, y_1 \cdot y_2) = (x_2 \cdot x_1, y_2 \cdot y_1) \\ &= (x_2,y_2) \odot (x_1,y_1).\end{aligned}$$

■

Definição 6.4 Seja A um anel, $x \in A$ e $n \in \mathbb{N}$. Definimos x^n como $x^n = \underbrace{x \cdot x \cdot \ldots \cdot x}_{n \text{ fatores}}$, um produto com n fatores.

Proposição 6.5 Seja A anel, $x \in A$ e $m, n \in \mathbb{N}$. Então,
(a) $x^m \cdot x^n = x^{m+n}$;
(b) $(x^m)^n = x^{m \cdot n}$.

Demonstração. (a) Fixado $m \in \mathbb{N}$, faremos por indução sobre n.

(i) Para $n = 1$, $x^m \cdot x^1 = x^m \cdot x = x^{m+1}$.

(ii) Suponha que a propriedade vale para n, isto é, $x^m \cdot x^n = x^{m+n}$.

(iii) Provemos que vale para $n+1$. De fato,

$$x^m \cdot x^{n+1} = x^m \cdot x^n \cdot x = x^{m+n} \cdot x = x^{m+n+1}.$$

Por indução, segue que $x^m \cdot x^n = x^{m+n}$, onde $x \in A$ e $m, n \in \mathbb{N}$.

(b) Se prova com raciocínio análogo ao do item anterior.

■

6.2 Subanéis

Definição 6.5 Seja A um anel e $x, y \in A$. Definimos a subtração de y em x por $x + (-y) = x - y$.

Definição 6.6 Seja $(A, +, \cdot)$ um anel e $S \subset A$ um subconjunto não vazio. Dizemos que S é um **subanel** de A, quando:

(i) $x + y \in S$ e $x \cdot y \in S$, $\forall x, y \in S$;

(ii) $(S, +, \cdot)$ possui estrutura de anel.

Proposição 6.6 Seja A um anel e $S \subset A$ um subconjunto não vazio. Então, S é subanel de A se, e somente se, para quaisquer $x, y \in S$:

(a) $x - y \in S$;

(b) $x \cdot y \in S$.

Demonstração. ($\Longrightarrow$) Como S é subanel de A, temos que $x, y, -y \in S$. Então, $x + (-y) \in S$, isto é, $x - y \in S$.

Além disso, $x \cdot y \in S$ pela própria definição de subanel.

($\Longleftarrow$) Como $x - y \in S$, $\forall x, y \in S$, segue que $(S, +)$ é subgrupo de $(A, +)$. Como $(A, +)$ é abeliano, $(S, +)$ é abeliano.

Além disso, a associatividade na operação $\cdot$ e as distributivas, são herdadas do anel $(A, +, \cdot)$. ■

Vejamos alguns exemplos.

▪ **Exemplo 6.6** Uma lista de subanéis bastante comuns:

a) $\mathbb{Z}$ é subanel de $\mathbb{Q}$;
b) $\mathbb{Z}$ é subanel de $\mathbb{R}$;
c) $\mathbb{Z}$ é subanel de $\mathbb{C}$;
d) $\mathbb{Q}$ é subanel de $\mathbb{R}$;
e) $\mathbb{Q}$ é subanel de $\mathbb{C}$;
f) $\mathbb{R}$ é subanel de $\mathbb{C}$.

■

▪ **Exemplo 6.7** Dado $n \in \mathbb{Z}$, o conjunto $n\mathbb{Z} = \{n \cdot k \mid k \in \mathbb{Z}\}$ é subanel de $\mathbb{Z}$, pois, dados $x, y \in n\mathbb{Z}$, temos $x = n \cdot k_1$ e $y = n \cdot k_2$, onde $k_1, k_2 \in \mathbb{Z}$. Então,

(a) $x - y = n \cdot k_1 - n \cdot k_2 = n \cdot (k_1 - k_2) \in n\mathbb{Z}$, uma vez que $k_1 - k_2 \in \mathbb{Z}$;
(b) $x \cdot y = (n \cdot k_1) \cdot (n \cdot k_2) = n \cdot (k_1 \cdot n \cdot k_2) \in n\mathbb{Z}$, pois $k_1 \cdot n \cdot k_2 \in \mathbb{Z}$.

■

▪ **Exemplo 6.8** Considere $F(\mathbb{R}) = \{f \mid f : \mathbb{R} \longrightarrow \mathbb{R}\}$, e os subconjuntos $C(\mathbb{R}) = \{f \in F(\mathbb{R}) \mid f \text{ é contínua}\}$ e $D(\mathbb{R}) = \{f \in F(\mathbb{R}) \mid f \text{ é derivável}\}$. É fato que:

- $D(\mathbb{R})$ é subanel de $C(\mathbb{R})$;
- $D(\mathbb{R})$ é subanel de $F(\mathbb{R})$;
- $C(\mathbb{R})$ é subanel de $F(\mathbb{R})$.

■

▪ **Exemplo 6.9** Denote $\mathbb{Z}(\sqrt{2}) = \{a + b\sqrt{2} \mid a, b \in \mathbb{Z}\}$,

$\mathbb{Q}(\sqrt{2}) = \{a + b\sqrt{2} \mid a, b \in \mathbb{Q}\}$ e
$\mathbb{R}(\sqrt{2}) = \{a + b\sqrt{2} \mid a, b \in \mathbb{R}\}$. É fato que:

- $\mathbb{Z}(\sqrt{2})$ é subanel de $\mathbb{Q}(\sqrt{2})$;
- $\mathbb{Z}(\sqrt{2})$ é subanel de $\mathbb{R}(\sqrt{2})$;
- $\mathbb{Q}(\sqrt{2})$ é subanel de $\mathbb{R}(\sqrt{2})$;
- $\mathbb{Z}(\sqrt{2})$, $\mathbb{Q}(\sqrt{2})$ e $\mathbb{R}(\sqrt{2})$ são todos subanéis de $\mathbb{R}$.

■

Estudaremos agora alguns tipos de anéis que possuem propriedades adicionais, ampliando assim nosso entendimento além do que foi discutido até o momento. Destacaremos os anéis comutativos com unidade que se caracterizam por não conter divisores de zero, que são denominados domínios de integridade. Por sua vez, domínios de integridade onde todo elemento diferente do neutro aditivo possui simétrico multiplicativo são chamados de corpos.

6.3 Domínios de integridade

Definição 6.7 Seja A um anel. Se existirem $a, b \in A$ tais que $a \cdot b = 0$, com $a \neq 0$ e $b \neq 0$, dizemos que a e b são **divisores de zero** do anel A.

Definição 6.8 Um anel A não possui divisores de zero se para quaisquer $a, b \in A$, tem-se:

$$a \cdot b = 0 \implies a = 0 \text{ ou } b = 0.$$

Vejamos alguns exemplos.

■ **Exemplo 6.10** Considere $(\mathbb{Z}_4, \oplus_4, \odot_4)$ o anel dos inteiros módulo 4. Veja a tábua do produto deste anel:

$\odot_4$	$\overline{0}$	$\overline{1}$	$\overline{2}$	$\overline{3}$
$\overline{0}$	$\overline{0}$	$\overline{0}$	$\overline{0}$	$\overline{0}$
$\overline{1}$	$\overline{0}$	$\overline{1}$	$\overline{2}$	$\overline{3}$
$\overline{2}$	$\overline{0}$	$\overline{2}$	$\overline{0}$	$\overline{2}$
$\overline{3}$	$\overline{0}$	$\overline{3}$	$\overline{2}$	$\overline{1}$

Observe que $\overline{2} \neq \overline{0}$ e $\overline{2} \odot_4 \overline{2} = \overline{0}$. Logo, $\overline{2}$ é divisor de zero em $\mathbb{Z}_4$. ■

■ **Exemplo 6.11** Considere o anel $F(\mathbb{R})$ das funções reais. Note que $f : \mathbb{R} \longrightarrow \mathbb{R}$ e $g : \mathbb{R} \longrightarrow \mathbb{R}$, definidas por:

$$f(x) = \begin{cases} 0, & \text{se } x < 0 \\ x, & \text{se } x \geq 0 \end{cases}$$

e

$$g(x) = \begin{cases} x, & \text{se } x < 0 \\ 0, & \text{se } x \geq 0 \end{cases}$$

são tais que $(f \cdot g)(x) = 0$, $\forall x \in \mathbb{R}$, e ambas não são funções nulas. Como consequência, f e g são divisores de zero em $F(\mathbb{R})$. ■

Definição 6.9 Um anel comutativo com unidade que não possui divisores de zero é chamado de **domínio de integridade** ou, simplesmente, de **domínio**.

■ **Exemplo 6.12** Temos que $\mathbb{Z}_4$ e $F(\mathbb{R})$ não são domínios de integridade. ■

■ **Exemplo 6.13** Temos que $\mathbb{Z}$, $\mathbb{Q}$, $\mathbb{R}$ e $\mathbb{C}$ são domínios de integridade. ■

Proposição 6.7 $\mathbb{Z}_n$ é um domínio de integridade se, e somente se, n é primo.

Demonstração. ($\Longrightarrow$) Se n for composto, então $n = a \cdot b$ com $1 < a < n$ e $1 < b < n$. Note que $\overline{a} \odot_n \overline{b} = \overline{a \cdot b} = \overline{n} = \overline{0}$, onde $\overline{a} \neq \overline{0}$ e $\overline{b} \neq \overline{0}$. Portanto, se n é composto, sempre haverá divisores de zero em $\mathbb{Z}_n$.

Dessa forma, se estamos supondo que $\mathbb{Z}_n$ é domínio de integridade, obrigatoriamente n tem que ser primo.

($\Longleftarrow$) Já sabemos que $\mathbb{Z}_n$ é anel comutativo com unidade. Supondo n primo, provemos que $\mathbb{Z}_n$ não possui divisores de zero.

Sejam $\overline{a}, \overline{b} \in \mathbb{Z}_n$ e suponha que $\overline{a} \odot_n \overline{b} = \overline{0}$. Então:

$$\begin{aligned} \overline{a \cdot b} = \overline{0} &\Longrightarrow a \cdot b = n \cdot k,\ k \in \mathbb{Z} \\ &\Longrightarrow n \mid (a \cdot b) \\ &\overset{n \text{ primo}}{\Longrightarrow} n \mid a \text{ ou } n \mid b \\ &\Longrightarrow \overline{a} = \overline{0} \text{ ou } \overline{b} = \overline{0}. \end{aligned}$$

Logo, sendo n primo, $\mathbb{Z}_n$ é um domínio de integridade. ■

Em nosso texto, anteriormente abordamos a Lei do Cancelamento Aditivo. No entanto, é importante notar que não fizemos menção ao Cancelamento Multiplicativo em nenhum momento. Essa omissão se deve ao fato de que o Cancelamento Multiplicativo é uma propriedade restrita aos domínios de integridade, como iremos demonstrar a seguir.

Proposição 6.8 — **Lei do Cancelamento Multiplicativo.** Seja A um domínio de integridade. Se $a, b, c \in A$ e $a \cdot b = a \cdot c$, com $a \neq 0$, então $b = c$.

Demonstração.

$$a \cdot b = a \cdot c \implies a \cdot b - a \cdot c = 0 \implies a \cdot (b - c) = 0.$$

Como A é domínio de integridade e $a \neq 0$, segue que $b - c = 0$, ou seja, $b = c$. ■

6.4 Corpos

Definição 6.10 Um domínio de integridade onde todo elemento diferente do neutro aditivo possui simétrico multiplicativo (inverso) é chamado de **corpo**.

▪ **Exemplo 6.14** Temos que $\mathbb{Q}$, $\mathbb{R}$ e $\mathbb{C}$ são corpos, mas $\mathbb{Z}$ não é corpo. ▪

Proposição 6.9 Dado $x \neq 0$ em um corpo K, o inverso de x é único.

Demonstração. Suponha que x^{-1} e x' sejam inversos de x em K. Então,

$$x^{-1} = x^{-1} \cdot 1 = x^{-1} \cdot (x \cdot x') = (x^{-1} \cdot x) \cdot x' = 1 \cdot x' = x'.$$

Logo, o inverso de $x \neq 0$ é único no corpo K. ■

Proposição 6.10 Todo domínio de integridade finito é corpo.

Demonstração. Seja $A = \{a_1, \ldots, a_n\}$ um domínio de integridade finito e tome $a \neq 0$ em A. Provemos que a possui inverso.

Tome a função $f : A \longrightarrow A$, dada por $f(x) = a \cdot x$. Perceba que f é sobrejetora, pois dado $a_i \in A$, $i \in \{1, \ldots, n\}$, por A ser anel, temos $a_i = a \cdot a_j$ para algum $a_j \in A$, $j \in \{1, \ldots, n\}$. Logo, $f(a_j) = a \cdot a_j = a_i$ e f é sobrejetora.

Portanto, $f(A) = \{a_1, \ldots, a_n\}$. Como $1 \in A$, segue que $1 = a \cdot a_k$, para algum $k \in \{1, \ldots, n\}$. Ou seja, $a \cdot a_k = a_k \cdot a = 1$ e a_k é o inverso de $a \neq 0$ em A. Logo, A é corpo. ■

Corolário 6.11 $\mathbb{Z}_n$ é corpo se, e somente se, n é primo.

Demonstração. ($\Longrightarrow$) Todo corpo é domínio de integridade e, assim, pela Proposição 6.7, n é primo.

($\Longleftarrow$) Sendo n primo, pela Proposição 6.7, $\mathbb{Z}_n$ é domínio de integridade. Como $\mathbb{Z}_n$ é finito, pela Proposição 6.10, $\mathbb{Z}_n$ é corpo. ■

6.5 Subcorpos

Definição 6.11 Seja K um corpo. Um subconjunto não vazio $L \subset K$ é chamado de **subcorpo** de K, quando:

(i) $x + y \in L$ e $x \cdot y \in L$, $\forall x, y \in L$;

(ii) $(L, +, \cdot)$ possui estrutura de corpo.

Proposição 6.12 Seja K um corpo e $L \subset K$ subconjunto não vazio. Então, L é subcorpo de K se, e somente se, para quaisquer $x, y \in L$:

(a) $0 \in L$ e $1 \in L$;

(b) $x - y \in L$;

(c) $x \cdot y^{-1} \in L$, para $y \neq 0$.

Demonstração. ($\Longrightarrow$) Supondo que L é subcorpo de K:

(a) L é anel comutativo com unidade, logo $0 \in L$ e $1 \in L$.

(b) $(L,+)$ é grupo, logo $x-y \in L$, $\forall x,y \in L$.
(c) L é corpo, então, dados $x,y \in L$ com $y \neq 0$, segue que $x,y^{-1} \in L$. Então, $x \cdot y^{-1} \in L$.

($\Longleftarrow$) Das três condições, podemos concluir que L é subanel de K. Além disso, como K é comutativo, L é comutativo. Como K não possui divisores de zero, L não possui divisores de zero. Também $1 \in L$. Portanto, L é subcorpo de K. ∎

▪ **Exemplo 6.15** $\mathbb{Q}$ é subcorpo de $\mathbb{R}$ e de $\mathbb{C}$. Por sua vez, $\mathbb{R}$ é subcorpo de $\mathbb{C}$. ▪

6.6 Característica

Introduziremos outro conceito importante para classificar anéis: a característica. Os anéis podem ser categorizados em duas classificações principais: característica zero ou característica finita. Cada uma dessas classificações desempenha um papel crucial na álgebra. Por exemplo, o estudo da característica em corpos desempenha um papel fundamental na Teoria dos Corpos, na Teoria de Galois e no estudo das propriedades dos corpos finitos. Esse conceito é essencial para aprofundar nossa compreensão sobre a estrutura de anel.

Definição 6.12 A **característica** de um anel A, denotada por $c(A)$, é o menor inteiro positivo tal que $n \cdot a = 0$, para qualquer $a \in A$. Se não existir n inteiro positivo tal que $n \cdot a = 0$, para qualquer $a \in A$, então $c(A) = 0$, isto é, dizemos que A possui **característica zero**.

▪ **Exemplo 6.16** $(\mathbb{Z}_n, \oplus_n, \odot_n)$ possui característica n, pois, para $\overline{a} \in \mathbb{Z}_n$,

$$n \cdot \overline{a} = \underbrace{\overline{a} \oplus_n \ldots \oplus_n \overline{a}}_{n \text{ parcelas}} = \overline{n \cdot a} = \overline{0}$$

e n é o menor inteiro positivo com tal propriedade. ▪

▪ **Exemplo 6.17** $(\mathbb{Z},+,\cdot)$, $(\mathbb{Q},+,\cdot)$, $(\mathbb{R},+,\cdot)$ e $(\mathbb{C},+,\cdot)$ possuem característica zero, pois se n é um inteiro positivo, $n \cdot 1 = n \neq 0$. ▪

A seguinte proposição versa sobre anéis com unidade e nos fornece uma maneira de identificar característica zero ou característica finita.

Proposição 6.13 Considere A um anel com unidade. Com relação à operação aditiva de A, se $\mathcal{O}(1) = n$ é finita, então $c(A) = n$, por outro lado, se 1 não tiver ordem finita, então $c(A) = 0$.

Demonstração. Suponha que $1 \in A$ não possua ordem finita com relação à adição. Então, não existe inteiro positivo n tal que $n \cdot 1 = 0$. Portanto, $c(A) = 0$.

Agora, supondo que $\mathcal{O}(1) = n$ com relação à adição, segue que, para todo $a \in A$, n é o menor inteiro positivo tal que

$$n \cdot a = \underbrace{a + a + \ldots + a}_{n \text{ parcelas}} = a \cdot (\underbrace{1 + 1 + \ldots + 1}_{n \text{ parcelas}}) = a \cdot 0 = 0,$$

o que implica $c(A) = n$. ■

Corolário 6.14 Seja A um anel com unidade. Todo subanel com unidade de A possui a mesma característica de A.

Demonstração. A ordem do elemento 1 não muda. Portanto, se a ordem de 1 não for finita, $c(A) = 0$ e todo subanel B de A tal que $1 \in B$ terá $c(B) = 0$.

Se a ordem de 1 for n, então $c(A) = n$ e todo subanel B de A tal que $1 \in B$ terá $c(B) = n$. ■

Provaremos a seguir que todo domínio de integridade ou possui característica zero ou a característica é um número primo. Como todo corpo é um domínio de integridade, vale o mesmo resultado.

Proposição 6.15 Seja A um domínio de integridade. Se $c(A) \neq 0$, então $c(A) = p$, onde p é um número primo.

Demonstração. Primeiramente, perceba que a característica de A não pode ser 1, pois $1 \cdot a = 0$, para todo $a \in A$, contradiz A ser domínio de integridade.

Agora, denote $c(A) = n \neq 0$. Suponha que n seja composto, ou seja $n = r \cdot s$, onde $1 < r < n$ e $1 < s < n$. Tome $1 \in A$ e perceba que $n \cdot 1 = 0$, ou seja,

$$r \cdot s \cdot 1 = 0 \implies r \cdot s = 0 \implies (r \cdot 1) \cdot (s \cdot 1) = 0.$$

Como A é domínio de integridade, então $r \cdot 1 = 0$ ou $s \cdot 1 = 0$. Absurdo, pois $c(A) = n$, $r < n$ e $s < n$. Portanto, n não pode ser composto, isto é, n é primo. ■

Proposição 6.16 Se A e B são anéis isomorfos, então $c(A) = c(B)$.

Demonstração. Seja f um isomorfismo entre os anéis.

Primeiro, considere que $c(A) = n \neq 0$. Provemos que $c(B) = n$, ou seja, n é o menor inteiro positivo tal que $n \cdot b = 0_B$, para qualquer $b \in B$.

De fato, tome $b \in B$ qualquer. Como f é sobrejetora, então $b = f(a)$, para algum $a \in A$. Assim,

$$n \cdot b = n \cdot f(a) = \underbrace{f(a) + \ldots + f(a)}_{n \text{ parcelas}} = f(n \cdot a)$$

$$\overset{n \cdot a = 0_A}{=} f(0_A) = 0_B.$$

Agora, verifiquemos que n é o menor inteiro positivo com tal propriedade. Suponha $k < n$ inteiro positivo onde $k \cdot b = 0_B$, $\forall b \in B$. Dado $a \in A$ qualquer, $f^{-1}(f(a)) = a$ e $k \cdot f(a) = 0_B$, onde f^{-1} denota o isomorfismo inverso de f. Então,

$$k \cdot a = k \cdot f^{-1}(f(a)) = \underbrace{f^{-1}(f(a)) + \ldots + f^{-1}(f(a))}_{k \text{ parcelas}}$$

$$= f^{-1}(k \cdot f(a)) = f^{-1}(0_B) = 0_A.$$

Absurdo, pois $c(A) = n$ e não existe $k < n$ inteiro positivo tal que $k \cdot a = 0_A$, para todo $a \in A$.

Portanto, n é o menor inteiro positivo tal que $n \cdot b = 0_B$, para todo $b \in B$, ou seja, $c(B) = n$.

Para o caso em que $c(A) = 0$, para todo inteiro positivo n existe $a \in A$, com $a \neq 0_A$, tal que $n \cdot a \neq 0_A$. Assim, para todo inteiro positivo n, $f(n \cdot a) = n \cdot f(a) \neq 0_B$, pois $a \neq 0_A$. Tomando $b = f(a) \in B$, temos que para todo inteiro positivo n, existe $b = f(a)$ tal que $n \cdot b \neq 0_B$, isto é, $c(B) = 0$.

De todo modo, se $A \simeq B$, segue que $c(A) = c(B)$. ■

6.7 Exercícios

1. Considere as operações aditiva $*$ e multiplicativa Δ em $\mathbb{Z}$, definidas como:

$$a * b = a + b - 1 \text{ e } a \Delta b = a + b - a \cdot b,$$

para quaisquer $a, b \in \mathbb{Z}$. Mostre que $(\mathbb{Z}, *, \Delta)$ é um anel comutativo com unidade.

2. Seja A um anel tal que $x^2 = x$, para qualquer $x \in A$. Prove que $-x = x$.
3. Prove que um anel $(A, +, \cdot)$ é comutativo se, e somente se, $(a+b)^2 = a^2 + 2 \cdot a \cdot b + b^2$, $\forall a, b \in A$.
4. Considere E um conjunto não vazio qualquer. No conjunto das partes de E, isto é, em $\mathscr{P}(E)$, considere as operações

$$X \Delta Y = (X \cup Y) - (X \cap Y) \text{ e } X \circ Y = X \cap Y,$$

para quaisquer $X, Y \in \mathscr{P}(E)$.

   a) Prove que $(\mathscr{P}(E), \Delta, \circ)$ é um anel comutativo com unidade.
   b) Mostre que $X^2 = X$, $\forall X \in \mathscr{P}(E)$.
   c) Verifique que o zero e a unidade deste anel são, respectivamente, $\emptyset$ e E.
   d) Mostre que se $A \in \mathscr{P}(E)$, então $-A = A$.
   e) Prove que a coleção dos subconjuntos finitos de E é um subanel de $(\mathscr{P}(E), \Delta, \circ)$.

5. Assuma que A é um anel e que $a \in A$.
   a) Mostre que o centro do anel A, dado por $C(A) = \{x \in A \mid a \cdot x = x \cdot a, \ \forall a \in A\}$, é um subanel de A.
   b) Se A é comutativo, determine $C(A)$.

6. Seja A um anel e $n \in \mathbb{N}$. Prove que $C_n = \{a \in A \mid n^k \cdot a = 0, \forall k \in \mathbb{N}\}$ é um subanel de A.
7. Prove o item (a) da Proposição 6.4.
8. Dado A um anel, considere o anel cartesiano $A \times A$ com as operações definidas na Proposição 6.4. Se A for um domínio de integridade, $A \times A$ também é um domínio de integridade? Justifique.
9. Seja A um anel comutativo com unidade. Mostre que se $a \in A$ é um divisor de zero, então a não é invertível.
10. Sejam a e b elementos de um anel. Se $a \cdot b$ é um divisor de zero, prove que a ou b é um divisor de zero.
11. Seja A um domínio de integridade. Mostre que as únicas soluções da equação $x^2 - x = 0$ são 0 e 1.
12. Mostre que:
    a) $K = \{a + bi \mid a, b \in \mathbb{Z}\}$ é um subanel de $\mathbb{C}$, mas não é subcorpo deste corpo.
    b) $L = \{a + bi \mid a, b \in \mathbb{Q}\}$ é um subanel e também um subcorpo de $\mathbb{C}$.
13. Considere A e B anéis comutativos com unidade. Prove que $c(A \times B) = mmc(c(A), c(B))$.
14. Seja A anel com unidade tal que $x^2 = x$, para todo $x \in A$. Mostre que $c(A) = 2$ e que A é anel comutativo.

7. Anéis quocientes e isomorfismos

Para construir a estrutura dos grupos quocientes utilizamos subgrupos normais. Para trabalharmos com anéis quocientes, uma subestrutura chamada ideal precisará ser definida.

7.1 Ideais

Definição 7.1 Seja A um anel e $I \subset A$ subconjunto não vazio. Dizemos que I é um ideal de A quando:

(i) $x - y \in I, \ \forall x, y \in I$;

(ii) $x \cdot \alpha \in I$ e $\alpha \cdot x \in I, \forall x \in I$ e $\forall \alpha \in A$.

Proposição 7.1 Todo ideal de um anel A é subanel de A.

Demonstração. Considere I um ideal de A.

(a) Naturalmente, por definição, $x - y \in I, \ \forall x, y \in I$.

(b) Dados $x, y \in I$, temos que $x \in I$ e $y \in I \subset A$. Portanto, pela Definição 7.1, $x \cdot y \in I$.
Desse modo, I é subanel de A.

■

Perceba que a recíproca da Proposição 7.1 é falsa. Por exemplo, $\mathbb{Z}$ é subanel de $\mathbb{Q}$, mas $\mathbb{Z}$ não é ideal de $\mathbb{Q}$, pois $1 \in \mathbb{Z}$ e $\frac{1}{10} \in \mathbb{Q}$, mas $1 \cdot \frac{1}{10} \notin \mathbb{Z}$.

Tendo em vista que todo ideal de um anel é um subanel, então, com a operação aditiva, o ideal tem uma estrutura de grupo. Sendo assim, dado A um anel e I um ideal de A, automaticamente valem as propriedades:

(a) $0 \in I$;
(b) $a \in I \implies -a \in I$;
(c) $a + b \in I$, $\forall a, b \in I$.

A seguinte proposição será útil para nós em diversas demonstrações adiante.

Proposição 7.2 Seja A um anel com unidade e I ideal de A. Então, $1 \in I$ se, e somente se, $I = A$.

Demonstração. ($\Longrightarrow$) Por definição, é imediato que $I \subset A$. Provemos que $A \subset I$.

$$\alpha \in A \overset{1 \in I}{\Longrightarrow} \alpha \cdot 1 \in I \Longrightarrow \alpha \in I.$$

Logo, $I = A$.
($\Longleftarrow$) Se $1 \in A$ e $A = I$, segue que $1 \in I$. ■

Definição 7.2 Considere A um anel e I e J ideais de A. Definimos a soma $I + J$ por $I + J = \{i + j \mid i \in I \text{ e } j \in J\}$.

Perceba que $I+J \neq \emptyset$, pois $0 \in I+J$.

Proposição 7.3 Dados I e J ideais de um anel A, então $I+J$ também é ideal de A.

Demonstração. Sejam $x, y \in I+J$. Assim, $x = i_1 + j_1$ e $y = i_2 + j_2$, com $i_1, i_2 \in I$ e $j_1, j_2 \in J$. Dessa forma:

(i) $x - y = (i_1 + j_1) - (i_2 + j_2) = \underbrace{(i_1 - i_2)}_{\in I} + \underbrace{(j_1 - j_2)}_{\in J} \in I+J$.

(ii) Para qualquer $\alpha \in A$,

$$\alpha \cdot x = \alpha \cdot (i_1 + j_1) = \underbrace{\alpha \cdot i_1}_{\in I} + \underbrace{\alpha \cdot j_1}_{\in J} \in I+J.$$

De forma análoga, $x \cdot \alpha \in I+J$. Portanto, a soma $I+J$ é ideal de A. ■

Proposição 7.4 Os únicos ideais em um corpo K são $\{0\}$ e o próprio K.

Demonstração. Suponha que $I \neq \{0\}$ é ideal de K. Provemos que $I = K$. Sendo $I \neq \{0\}$, existe $a \in I$ com $a \neq 0$. O elemento a é invertível, pois K é corpo. Denote o inverso de a por a^{-1}. Então, $\underbrace{a}_{\in I} \cdot \underbrace{a^{-1}}_{\in K} \in I$, ou seja, $1 \in I$. Pela Proposição 7.2, $I = K$. ■

7.2 Anéis quocientes

Da mesma maneira que abordamos grupos quocientes na seção 3.2, agora nosso foco será estabelecer a estrutura de anéis quocientes. Nesse contexto, ideais desempenharão um papel semelhante ao dos subgrupos normais.

Assim como fizemos ao estudar grupos, definiremos um conjunto quociente entre um anel e um ideal com base nas classes de uma relação de equivalência específica.

Proposição 7.5 Considere A um anel e I um ideal de A. Então, a seguinte relação, para $a,b \in A$, define uma relação de equivalência:

$$a \sim_I b \iff b-a \in I.$$

Demonstração. Sejam $a,b,c \in A$.

(a)
- Reflexiva:
  $a \sim_I a$, pois $a-a=0 \in I$.
- Simétrica:

$$\begin{aligned} a \sim_I b &\implies b-a \in I \implies -(b-a) \in I \\ &\implies a-b \in I \implies b \sim_I a. \end{aligned}$$

- Transitiva:

$$\begin{aligned} a \sim_I b \text{ e } b \sim_I c &\implies b-a \in I \text{ e } c-b \in I \\ &\implies (b-a)+(c-b) \in I \\ &\implies c-a \in I \\ &\implies a \sim_I c. \end{aligned}$$

Logo, $\sim_I$ é uma relação de equivalência.

■

Dado $a \in A$, calculemos a classe de equivalência de a.

$$\begin{aligned} \overline{a} &= \{b \in A \mid b-a \in I\} = \{b \in A \mid b-a = i,\ i \in I\} \\ &= \{b \in A \mid b = a+i,\ i \in I\} = a+I. \end{aligned}$$

Sejam $a, b \in A$. Vale destacar que, uma vez que $\sim_I$ é uma relação de equivalência:

$$\overline{a} = \overline{b} \Longleftrightarrow a \sim_I b.$$

Com isso, concluímos que:

$$a + I = b + I \Longleftrightarrow b - a \in I.$$

Definindo $\dfrac{A}{I}$ como o conjunto de todas as classes de equivalência da relação $\sim_I$, temos $\dfrac{A}{I} = \{x + I \mid x \in A\}$. Vamos estabelecer sobre $\dfrac{A}{I}$ as seguintes operações:

$$\begin{array}{rcl} \oplus : \dfrac{A}{I} \times \dfrac{A}{I} \longrightarrow \dfrac{A}{I} & \quad \text{e} \quad & \odot : \dfrac{A}{I} \times \dfrac{A}{I} \longrightarrow \dfrac{A}{I} \\ (a+I, b+I) \mapsto (a+b) + I & & (a+I, b+I) \mapsto (a \cdot b) + I \end{array}$$

Com isso, provaremos a seguir que $\left(\dfrac{A}{I}, \oplus, \odot\right)$ possui estrutura de anel, o qual chamaremos de **anel quociente** de A pelo ideal I.

Proposição 7.6 Considere A um anel e I um ideal de A. Então $\left(\dfrac{A}{I}, \oplus, \odot\right)$ é anel.

Demonstração. De fato,

(a) Provemos que $\left(\dfrac{A}{I}, \oplus\right)$ é grupo abeliano.

Dados $a + I, b + I, c + I \in \dfrac{A}{I}$:

(i)

$$\begin{aligned}
&[(a+I)\oplus(b+I)]\oplus(c+I) = [(a+b)+I]\oplus(c+I)\\
&= ((a+b)+c)+I\\
&= (a+(b+c))+I\\
&= (a+I)\oplus[(b+c)+I]\\
&= (a+I)\oplus[(b+I)\oplus(c+I)].
\end{aligned}$$

(ii) O neutro aditivo é o $0+I=I$, pois, para qualquer $a+I\in\dfrac{A}{I}$,

$$(0+I)\oplus(a+I) = (0+a)+I = a+I$$

e

$$(a+I)\oplus(0+I) = (a+0)+I = a+I.$$

(iii) O oposto de $a+I\in\dfrac{A}{I}$ é $-a+I\in\dfrac{A}{I}$, pois

$$(a+I)\oplus(-a+I) = (a+(-a))+I = 0+I$$

e

$$(-a+I)\oplus(a+I) = (-a+a)+I = 0+I.$$

(iv)

$$\begin{aligned}
(a+I)\oplus(b+I) &= (a+b)+I = (b+a)+I\\
&= (b+I)\oplus(a+I).
\end{aligned}$$

Segue que $\left(\dfrac{A}{I},\oplus\right)$ é grupo abeliano.

(b)

$$
\begin{aligned}
&[(a+I)\odot(b+I)]\odot(c+I) = [(a\cdot b)+I]\odot(c+I)\\
&= (a\cdot b)\cdot c+I\\
&= a\cdot(b\cdot c)+I\\
&= (a+I)\oplus[(b\cdot c)+I]\\
&= (a+I)\odot[(b+I)\odot(c+I)].
\end{aligned}
$$

(c) Faremos apenas uma distributiva. A outra se verifica de modo análogo.

$$
\begin{aligned}
&(a+I)\odot[(b+I)\oplus(c+I)] = (a+I)\odot[(b+c)+I]\\
&= a\cdot(b+c)+I\\
&= (a\cdot b+a\cdot c)+I\\
&= [(a\cdot b)+I]\odot[(a\cdot c)+I]\\
&= [(a+I)\odot(b+I)]\oplus[(a+I)\odot(c+I)].
\end{aligned}
$$

Portanto, $\left(\frac{A}{I},\oplus,\odot\right)$ é anel. ■

Proposição 7.7 Considere A um anel e I um ideal de A. Então:

(a) Se A possui unidade, $\frac{A}{I}$ possui unidade;

(b) Se A é comutativo, $\frac{A}{I}$ é comutativo.

Demonstração. (a) Se $1\in A$, então $1+I$ é a unidade de $\frac{A}{I}$. De fato, para todo $a+I\in\frac{A}{I}$,

$$(1+I)\odot(a+I) = (1\cdot a)+I = a+I$$

e

$$(a+I)\odot(1+I) = (a\cdot 1)+I = a+I.$$

(b) Se A é comutativo, $\frac{A}{I}$ é comutativo, pois, dados $a+I, b+I \in \frac{A}{I}$,

$$(a+I) \odot (b+I) = (a \cdot b) + I \stackrel{A \text{ com.}}{=} (b \cdot a) + I = (b+I) \odot (a+I).$$

■

7.3 Homomorfismos de anéis

Vamos definir um tipo especial de aplicação entre anéis. Especial porque respeita as operações de anéis e preserva a estrutura algébrica, em outras palavras, tanto as imagens diretas quanto as imagens inversas de subanéis permanecem sendo subanéis.

Definição 7.3 Sejam $(A, +, \cdot)$ e $(B, +', \cdot')$ dois anéis. Um **homomorfismo de anéis** é uma função $f : A \longrightarrow B$ tal que, para todo $x, y \in A$:

(i) $f(x+y) = f(x) +' f(y)$;

(ii) $f(x \cdot y) = f(x) \cdot' f(y)$.

Definição 7.4 Dizemos que um homomorfismo de anéis chama-se:

- **monomorfismo**, quando é injetor;
- **epimorfismo**, quando é sobrejetor;
- **isomorfismo**, quando é bijetor.

Definição 7.5 Dizemos que dois anéis A e B são **isomorfos**, denotamos por $A \simeq B$, quando existe um isomorfismo entre eles. Um isomorfismo de um anel em si mesmo é denominado **automorfismo**.

Vejamos alguns exemplos básicos de homomorfismos de anéis.

■ **Exemplo 7.1** Dados os anéis $(A,+,\cdot)$ e $(B,+',\cdot')$, a aplicação $f : A \longrightarrow B$, dada por $f(x) = 0_B$, $\forall x \in A$, é homomorfismo de anéis. Dados $x,y \in A$:

(i) $f(x+y) = 0_B = 0_B +' 0_B = f(x) +' f(y)$;

(ii) $f(x \cdot y) = O_B = 0_B \cdot' 0_B = f(x) \cdot' f(y)$.

■

■ **Exemplo 7.2** Seja $f : \mathbb{Z} \longrightarrow \mathbb{Z}_n$ dada por $f(x) = \overline{x}$, $\forall x \in \mathbb{Z}$. Temos que f é um homomorfismo de anéis, pois dados $x,y \in \mathbb{Z}$:

(i) $f(x+y) = \overline{x+y} = \overline{x} \oplus_n \overline{y} = f(x) \oplus_n f(y)$;

(ii) $f(x \cdot y) = \overline{x \cdot y} = \overline{x} \odot_n \overline{y} = f(x) \odot_n f(y)$.

Como f também é sobrejetora, segue que f é um epimorfismo. ■

■ **Exemplo 7.3** Considere um anel A e I um ideal de A. Defina $\pi : A \longrightarrow \dfrac{A}{I}$ por $\pi(x) = x+I$, $\forall x \in A$. Tal função, chamada de **projeção canônica**, é um homomorfismo de anéis. De fato, dados $x,y \in A$:

(i)

$$\begin{aligned}\pi(x+y) &= (x+y)+I = (x+I) \oplus (y+I)\\ &= \pi(x) \oplus \pi(y);\end{aligned}$$

(ii)

$$\begin{aligned}\pi(x \cdot y) &= (x \cdot y)+I = (x+I) \odot (y+I)\\ &= \pi(x) \odot \pi(y).\end{aligned}$$

Como π é sobrejetora, temos que π é um epimorfismo de anéis. ∎

Da Definição 7.3, é fácil perceber que todo homomorfismo de anéis também é homomorfismo de grupos. Sendo assim, da Proposição 1.6, segue automaticamente que, sendo $f : A \longrightarrow B$ homomorfismo de anéis:

(a) $f(0_A) = 0_B$;

(b) $f(-a) = -f(a)$, $\forall a \in A$.

Além disso, sendo f um epimorfismo, e A anel com unidade, temos a seguinte proposição.

Proposição 7.8 Seja $f : A \longrightarrow B$ um epimorfismo de anéis onde A possui unidade. Então:

(a) $f(1_A) = 1_B$, isto é, B possui unidade que é $f(1_A)$;

(b) Se $a \in A$ é invertível, então $f(a)$ é invertível e $(f(a))^{-1} = f(a^{-1})$.

Demonstração. (a) Seja $b \in B$. Como f é sobrejetora, $b = f(a)$, para algum $a \in A$. Então,

$$b \cdot' f(1_A) = f(a) \cdot' f(1_A) = f(a \cdot 1_A) = f(a) = b$$

e

$$f(1_A) \cdot' b = f(1_A) \cdot' f(a) = f(1_A \cdot a) = f(a) = b.$$

Portanto, $f(1_A) = 1_B \in B$.

(b) Se a é invertível,

$$f(a) \cdot' f(a^{-1}) = f(a \cdot a^{-1}) = f(1_A) = 1_B$$

e

$$f(a^{-1}) \cdot' f(a) = f(a^{-1} \cdot a) = f(1_A) = 1_B.$$

Portanto, $(f(a))^{-1} = f(a^{-1})$.

■

Definição 7.6 Considere $f : A \longrightarrow B$ um homomorfismo de anéis. Definimos:

(a) O **núcleo** de f como: $ker(f) = \{x \in A \mid f(x) = 0_B\}$;

(b) A **imagem direta** de $L \subset A$, subanel, por f, como: $f(L) = \{f(l) \in B \mid l \in L\}$.

Proposição 7.9 Seja $f : A \longrightarrow B$ um homomorfismo de anéis e L subanel de A. Então:

(a) $ker(f)$ é ideal de A;

(b) $f(L)$ é subanel de B.

Demonstração. (a) Sejam $x, y \in ker(f)$ e $\alpha \in A$. Então,

(i) $f(x-y) = f(x) - f(y) = 0_B - 0_B = 0_B$. Portanto, $x - y \in ker(f)$.

(ii)

$$f(\alpha \cdot x) = f(\alpha) \cdot f(x) = f(\alpha) \cdot 0_B = 0_B$$

e

$$f(x \cdot \alpha) = f(x) \cdot f(\alpha) = 0_B \cdot f(\alpha) = 0_B.$$

Portanto, $\alpha \cdot x, x \cdot \alpha \in ker(f)$, $\forall x \in ker(f)$ e $\forall \alpha \in A$.

Logo, $ker(f)$ é ideal de A.

(b) Sejam $f(l_1), f(l_2) \in f(L)$.

(i) $f(l_1) - f(l_2) = f(l_1 - l_2) \in f(L)$, uma vez que $l_1 - l_2 \in L$.

(ii) $f(l_1) \cdot f(l_2) = f(l_1 \cdot l_2) \in f(L)$, pois $l_1 \cdot l_2 \in L$.
Logo, $f(L)$ é subanel de B.

■

Proposição 7.10 Seja $f : G \longrightarrow G'$ um homomorfismo de anéis. Então f é monomorfismo se, e somente se, $ker(f) = \{0_A\}$.

Demonstração. ($\Longrightarrow$) Sabemos que $f(0_A) = 0_B$. Suponha que $ker(f) \neq \{0_A\}$, ou seja, existe $a \in ker(f)$ com $a \neq 0_A$. Mas, se $a \in ker(f)$, então $f(a) = 0_B = f(0_A)$. Isto é, $f(a) = f(0_A)$ com $a \neq 0_A$. Absurdo, pois contradiz a injetividade de f.

Portanto, $ker(f) = \{0_A\}$.

($\Longleftarrow$) Considere $x, y \in A$ com $f(x) = f(y)$. Então:

$$\begin{aligned} f(x) = f(y) &\Longrightarrow f(x) - f(y) = 0_B \\ &\Longrightarrow f(x-y) = 0_B \\ &\Longrightarrow x - y \in ker(f) = \{0_A\} \\ &\Longrightarrow x - y = 0_A \\ &\Longrightarrow x = y. \end{aligned}$$

Portanto, f é injetor, ou seja, um monomorfismo. ■

7.4 Teoremas do Isomorfismo para anéis

Nesta seção, estudaremos as versões para anéis dos Teoremas do Isomorfismo estabelecidos por Emmy Noether. Dado um homomorfismo de anéis $f : A \longrightarrow B$, vimos que $ker(f)$ é um ideal de A. Assim, podemos considerar o anel quociente $\dfrac{A}{ker(f)}$ e estabelecer o seguinte resultado.

Teorema 7.11 — 1º Teorema do Isomorfismo. Considere $f: A \longrightarrow B$ um epimorfismo de anéis. Então $\dfrac{A}{ker(f)} \simeq B$.

Demonstração. Encontremos $\varphi : \dfrac{A}{ker(f)} \longrightarrow B$ que seja um isomorfismo.

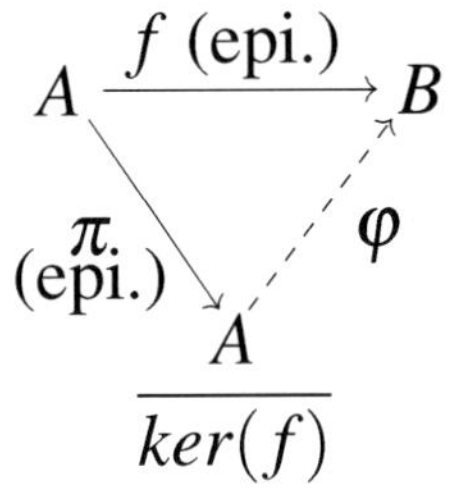

Considere $\pi : A \longrightarrow \dfrac{A}{ker(f)}$ a aplicação canônica. Denote $(A, +, \cdot)$, $(B, \oplus, \odot)$ e $\left(\dfrac{A}{ker(f)}, +', \cdot'\right)$.

Defina $\varphi : \dfrac{A}{ker(f)} \longrightarrow B$ por $\varphi(a + ker(f)) = f(a)$.

- φ está bem definida.

  Dados $a + ker(f), b + ker(f) \in \dfrac{A}{ker(f)}$ com $a + ker(f) = b + ker(f)$, temos:

$$
\begin{aligned}
a + ker(f) = b + ker(f) &\implies b - a \in ker(f) \\
&\implies f(b - a) = 0_B \\
&\implies f(a) - f(b) = 0_B \\
&\implies f(a) = f(b) \\
&\implies \varphi(a + ker(f)) = \varphi(b + ker(f)).
\end{aligned}
$$

- φ é homomorfismo.

Dados $a + ker(f), b + ker(f) \in \dfrac{A}{ker(f)}$:

(i)

$$\varphi((a + ker(f)) +' (b + ker(f))) = \varphi((a+b) + ker(f))$$
$$= f(a+b) = f(a) \oplus f(b)$$
$$= \varphi(a + ker(f)) \oplus \varphi(b + ker(f)).$$

(ii)

$$\varphi((a + ker(f)) \cdot' (b + ker(f))) = \varphi((a \cdot b) + ker(f))$$
$$= f(a \cdot b) = f(a) \odot f(b)$$
$$= \varphi(a + ker(f)) \odot \varphi(b + ker(f)).$$

- φ é sobrejetora.
  Seja $b \in B$. Como f é sobrejetora, então $b = f(a)$ para algum $a \in A$. Tomamos $\pi(a) = a + ker(f) \in \dfrac{A}{ker(f)}$ e, assim, segue que $\varphi(a + ker(f)) = f(a) = b$. Portanto, φ é sobrejetora.
- φ é injetora.

$$ker(\varphi) = \left\{ x + ker(f) \in \frac{A}{ker(f)} \mid \varphi(x + ker(f)) = 0_B \right\}$$
$$= \left\{ x + ker(f) \in \frac{A}{ker(f)} \mid f(x) = 0_B \right\}$$
$$= \{ x + ker(f) \mid x \in ker(f) \}$$
$$= \{ ker(f) \}.$$

Como $ker(f)$ é o neutro aditivo de $\dfrac{A}{ker(f)}$, então, φ é injetora.

Portanto, φ é um isomorfismo, ou seja, $\dfrac{A}{ker(f)} \simeq B.$

■

Podemos considerar um outro enunciado deste 1º Teorema do Isomorfismo da seguinte forma: "Considere $f : A \longrightarrow B$ um homomorfismo de anéis. Então $\frac{A}{ker(f)} \simeq f(A)$". Não há necessidade de demonstração dessa versão, pois basta observar que toda função é sobrejetora sobre a sua imagem. Assim, temos uma consequência direta da versão que já provamos.

O leitor deve ter notado a similaridade tanto do resultado quanto da demonstração entre as versões para grupos e para anéis do 1º Teorema do Isomorfismo. O mesmo se repete para os demais teoremas. Desse modo, vamos apenas enunciá-los, deixando as demonstrações como exercícios.

Teorema 7.12 — **2º Teorema do Isomorfismo.** Seja A um anel e I e J ideais de A com $I \subset J$. Então, $\dfrac{\frac{A}{J}}{\frac{I}{J}} \simeq \dfrac{A}{I}.$

Teorema 7.13 — **3º Teorema do Isomorfismo.** Seja A um anel, S um subanel de A e T um ideal de A. Então, $\dfrac{S}{S \cap T} \simeq \dfrac{S+T}{T}.$

7.5 Ideais principais, primos e maximais

Apresentaremos, a partir deste ponto, alguns tipos específicos de ideais.

Proposição 7.14 Considere A um anel comutativo com unidade. Seja $a \in A$ e denote $(a) = \{r \cdot a \mid r \in A\} \subset A$. Então, (a) é um ideal de A.

Demonstração. (i) Sejam $x, y \in (a)$. Assim, $x = r \cdot a$ e $y = k \cdot a$, onde $r, k \in A$. Então,

$$x - y = r \cdot a - k \cdot a = (r - k) \cdot a \in (a),$$

pois $r - k \in A$.

(ii) Dado $x \in (a)$ e $\alpha \in A$, temos $x = r \cdot a$ com $r \in A$. Assim,

$$x \cdot \alpha = \alpha \cdot x = \alpha \cdot (r \cdot a) = \underbrace{(\alpha \cdot r)}_{\in A} \cdot a \in (a)$$

Portanto, (a) é um ideal de A. ■

Definição 7.7 Em um anel comutativo com unidade A, dado $a \in A$, o ideal $(a) = \{r \cdot a \mid r \in A\}$ é chamado de **ideal principal** gerado por a.

Definição 7.8 Um anel comutativo com unidade onde todo ideal é principal, recebe o nome de **anel principal**.

Teorema 7.15 $(\mathbb{Z}, +, \cdot)$ é anel principal.

Demonstração. Já sabemos que $\mathbb{Z}$ é anel comutativo com unidade. Seja I um ideal qualquer de $\mathbb{Z}$.

Se $I = \{0\}$, então $I = (0) = \{r \cdot 0 \mid r \in \mathbb{Z}\} = \{0\}$, ou seja, I é principal.

Se $I \neq \{0\}$, então existe $m \in I$, com $m \neq 0$. Note que $m > 0$ ou $-m > 0$ e, se $m \in I$, $-m \in I$. Dessa forma, de todo modo existe pelo menos um inteiro positivo em I. Tome n o menor inteiro positivo de I. Provemos que $I = (n)$.

- $(n) \subset I$.

$$\alpha \in (n) \implies \alpha = \underbrace{r}_{\in \mathbb{Z}} \cdot \underbrace{n}_{\in I}, \text{ onde } r \in \mathbb{Z}$$

$$\overset{I \text{ ideal}}{\implies} \alpha \in I.$$

- $I \subset (n)$.
  Seja $\alpha \in I$. Dividindo α por n, temos que existem inteiros q e l tais que $\alpha = q \cdot n + l$, com $0 \leq l < n$.
  Então, $l = \underbrace{\alpha}_{\in I} - \underbrace{\underbrace{q}_{\in \mathbb{Z}} \cdot \underbrace{n}_{\in I}}_{\in I} \in I$.
  Mas $0 \leq l < n$ e n é o menor inteiro positivo de I. Logo, $l = 0$. Assim, $\alpha = q \cdot n \in (n)$.
  Portanto, $I = (n)$ e é ideal principal.

De todo modo, qualquer ideal de $\mathbb{Z}$ é principal. ■

> Em $\mathbb{Z}$, denotamos $(n) = n\mathbb{Z}$, $\forall n \in \mathbb{Z}$ com $n \geq 0$.

▪ **Exemplo 7.4** Vamos provar que o conjunto $I = \{x \in \mathbb{Z} \mid 9 \mid (21 \cdot x)\}$ é um ideal de $\mathbb{Z}$. Sabendo que $\mathbb{Z}$ é anel principal, encontremos n tal que $I = n\mathbb{Z}$.

(i) Dados $x, y \in I$:

$$\begin{aligned} 9 \mid (21 \cdot x) \text{ e } 9 \mid (21 \cdot y) &\implies 9 \mid (21 \cdot x - 21 \cdot y) \\ &\implies 9 \mid (21 \cdot (x - y)) \\ &\implies x - y \in I. \end{aligned}$$

(ii) Dados $x \in I$ e $\alpha \in \mathbb{Z}$:

$$9 \mid (21 \cdot x) \Longrightarrow 9 \mid (21 \cdot (\alpha \cdot x)) \Longrightarrow \alpha \cdot x = x \cdot \alpha \in I.$$

Então, I é ideal de $\mathbb{Z}$. Sendo assim, podemos dizer que I é gerado pelo menor inteiro positivo de I, ou seja, pelo 3. Assim, $I = 3\mathbb{Z}$. ∎

Definição 7.9 Seja I um ideal em um anel comutativo A. Dizemos que I é um **ideal primo** se $I \neq A$ e se:

$$x \cdot y \in I \Longrightarrow x \in I \text{ ou } y \in I.$$

▪ **Exemplo 7.5** No anel $\mathbb{Z}$, o ideal principal $2\mathbb{Z}$ é primo. Note que se $x, y \in \mathbb{Z}$ são tais que $x \cdot y \in 2\mathbb{Z}$, temos que $2 \mid (x \cdot y)$ e, portanto, como 2 é primo, $2 \mid x$ ou $2 \mid y$, isto é, $x \in 2\mathbb{Z}$ ou $y \in 2\mathbb{Z}$. ∎

▪ **Exemplo 7.6** Em um domínio de integridade A, o ideal $I = \{0\} = (0)$ é primo. Note que se $x, y \in A$ são tais que $x \cdot y \in I$, ou seja, $x \cdot y = 0$, temos $x = 0$ ou $y = 0$, isto é, $x \in I$ ou $y \in I$. ∎

▪ **Exemplo 7.7** No anel $\mathbb{Z} \times \mathbb{Z}$ o ideal $\{0\} \times \mathbb{Z}$ é primo. De fato, se $(a,b) \cdot (c,d) \in \{0\} \times \mathbb{Z}$, então $(a \cdot c, b \cdot d) \in \{0\} \times \mathbb{Z}$. Assim, $a \cdot c = 0$ e, portanto, $a = 0$ ou $c = 0$. Isto implica que $(a,b) \in \{0\} \times \mathbb{Z}$ ou $(c,d) \in \{0\} \times \mathbb{Z}$. ∎

Definição 7.10 Seja I um ideal em um anel comutativo com unidade A. Dizemos que I é um **ideal maximal** de A se $I \neq A$ e se qualquer ideal J de A tal que $I \subsetneq J \subset A$, implicar $J = A$.

▪ **Exemplo 7.8** No anel $\mathbb{Z}$, provemos que o ideal principal

$2\mathbb{Z}$ é maximal.

Seja J um ideal de $\mathbb{Z}$ tal que $2\mathbb{Z} \subsetneq J \subset \mathbb{Z}$. Precisamos provar que $J = \mathbb{Z}$.

De fato, como $2\mathbb{Z} \subsetneq J$, podemos afirmar que J possui pelo menos um elemento da forma $2t+1$, com $t \in \mathbb{Z}$. Note, também, que $2t \in 2\mathbb{Z} \subsetneq J$. Como J é ideal:

$$\underbrace{(2t+1)}_{\in J} - \underbrace{2t}_{\in J} \in J \implies 1 \in J.$$

Pela Proposição 7.2, temos que $J = \mathbb{Z}$. Portanto, $2\mathbb{Z}$ é um ideal maximal de $\mathbb{Z}$. ■

■ **Exemplo 7.9** Mostremos que $2\mathbb{Z} \times \mathbb{Z}$ é um ideal maximal do anel $\mathbb{Z} \times \mathbb{Z}$.

Seja J ideal de $\mathbb{Z} \times \mathbb{Z}$ tal que $2\mathbb{Z} \times \mathbb{Z} \subsetneq J \subset \mathbb{Z} \times \mathbb{Z}$. Precisamos provar que $J = \mathbb{Z} \times \mathbb{Z}$.

De fato, como $2\mathbb{Z} \times \mathbb{Z} \subsetneq J$, segue que J possui pelo menos um elemento do tipo $(2t+1, s)$, com $t, s \in \mathbb{Z}$. Mas $(2t, s-1) \in 2\mathbb{Z} \times \mathbb{Z} \subsetneq J$, ou seja, como J é ideal:

$$\underbrace{(2t+1, s)}_{\in J} - \underbrace{(2t, s-1)}_{\in J} \in J \implies (1,1) \in J.$$

Pela Proposição 7.2, temos que $J = \mathbb{Z} \times \mathbb{Z}$. Portanto, $2\mathbb{Z} \times \mathbb{Z}$ é um ideal maximal de $\mathbb{Z} \times \mathbb{Z}$. ■

■ **Exemplo 7.10** No anel $\mathbb{Z}$, os ideais $0\mathbb{Z}$ e $10\mathbb{Z}$ não são maximais, pois

$$0\mathbb{Z} \subsetneq 10\mathbb{Z} \subsetneq 5\mathbb{Z} \subsetneq \mathbb{Z}.$$

Mas, por outro lado, $5\mathbb{Z}$ é maximal. Suponha um ideal J de $\mathbb{Z}$ tal que $5\mathbb{Z} \subsetneq J \subset \mathbb{Z}$. Sabemos que $J = m\mathbb{Z} = (m)$, para algum inteiro $m > 0$, pois $\mathbb{Z}$ é um anel principal. Sendo assim,

$$5\mathbb{Z} \subsetneq m\mathbb{Z} \subset \mathbb{Z}.$$

Se $5\mathbb{Z} \subset m\mathbb{Z}$, temos que $m \mid 5$, ou seja, $m \in \{1,5\}$. Mas, como $5\mathbb{Z} \subsetneq m\mathbb{Z}$, segue que $m = 1$. Portanto, $J = 1\mathbb{Z} = \mathbb{Z}$. Concluímos que $5\mathbb{Z}$ é um ideal maximal de $\mathbb{Z}$. ∎

Agora vamos demonstrar um teorema que é o resultado mais importante desta seção. Ele estabelece conexões entre ideais primos, maximais e anéis quocientes.

Teorema 7.16 Seja A um anel comutativo com unidade e I um ideal de A. Então:

(a) Se I é ideal maximal então I é ideal primo;

(b) $\frac{A}{I}$ é domínio de integridade se, e somente se, I é ideal primo;

(c) $\frac{A}{I}$ é corpo se, e somente se, I é ideal maximal.

Demonstração. (a) Sejam $a, b \in A$ tais que $a \cdot b \in I$. Suponha que $a \notin I$. Provemos que $b \in I$.

Considere $J = (a) + I$, que é um ideal de A pela Proposição 7.3. Note que $I \subset J$ e $a \in J$. Portanto, J é um ideal de A tal que $I \subsetneq J \subset A$.

Como I é maximal, segue que $J = A$. Como $1 \in A$, segue que $1 \in J$. Então, $1 = r \cdot a + i$, com $r \in A$ e

$i \in I$. Assim:

$$1 = r \cdot a + i \Longrightarrow b = b \cdot r \cdot a + \underbrace{\underbrace{b}_{\in A} \cdot \underbrace{i}_{\in I}}_{\in I}$$

$$\stackrel{A \text{ com.}}{\Longrightarrow} b = \underbrace{\underbrace{a \cdot b}_{\in I} \cdot \underbrace{r}_{\in A}}_{\in I} + \underbrace{b \cdot i}_{\in I} \in I$$

Portanto, $b \in I$ e I é ideal primo.

(b) $(\Longrightarrow)$ Sejam $a, b \in A$ tais que $a \cdot b \in I$. Suponha que $a \notin I$. Provemos que $b \in I$.

$$\begin{aligned} a \cdot b \in I &\Longrightarrow a \cdot b + I = I \\ &\Longrightarrow (a+I) \odot (b+I) = I. \end{aligned}$$

Lembremos que o zero de $\frac{A}{I}$ é o I. Como $a \notin I$, temos que $a + I \neq I$. Como $\frac{A}{I}$ é domínio de integridade, obrigatoriamente $b + I = I$, o que implica $b \in I$. Portanto, $b \in I$ e I é ideal primo.

$(\Longleftarrow)$ Por hipótese, A é comutativo com unidade. Então, $\frac{A}{I}$ é comutativo com unidade $1 + I$. Basta provar que $\frac{A}{I}$ não admite divisores de zero.

Sejam $a + I, b + I \in \frac{A}{I}$ tais que $(a+I) \odot (b+I) = I$. Então:

$$(a+I) \odot (b+I) = I \Longrightarrow a \cdot b + I = I \Longrightarrow a \cdot b \in I.$$

Como I é ideal primo de A, temos:

$$a \in I \Longrightarrow a + I = I \quad \text{ou} \quad b \in I \Longrightarrow b + I = I.$$

Desse modo, $\dfrac{A}{I}$ não possui divisores de zero e é um domínio de integridade.

(c) ($\Longrightarrow$) Seja J um ideal de A tal que $I \subsetneq J \subset A$. Provemos que $J = A$.
Se $I \subsetneq J$, existe $b \in J$ tal que $b \notin I$. Logo, $b + I \neq I$.
Como $\dfrac{A}{I}$ é corpo, existe $c + I \in \dfrac{A}{I}$ tal que $(b+I) \odot (c+I) = 1 + I$. Então:

$$\begin{aligned}(b+I) \odot (c+I) = 1 + I &\Longrightarrow b \cdot c + I = 1 + I \\ &\Longrightarrow (b \cdot c - 1) + I = I \\ &\Longrightarrow b \cdot c - 1 \in I.\end{aligned}$$

Como $I \subsetneq J$, temos que $b \cdot c - 1 \in J$. Então, existe $l \in J$ tal que $l = b \cdot c - 1$. Assim:

$$1 = \underbrace{\underbrace{b}_{\in J} \cdot \underbrace{c}_{\in A}}_{\in J} - \underbrace{l}_{\in J} \in J \Longrightarrow 1 \in J \Longrightarrow J = A.$$

Portanto, I é ideal maximal de A.
($\Longleftarrow$) Se I é maximal, pelo item (a) deste teorema, I é primo e, pelo item (b) deste teorema, $\dfrac{A}{I}$ é domínio de integridade. Basta provar que todo elemento diferente do zero de $\dfrac{A}{I}$ é invertível.
O zero de $\dfrac{A}{I}$ é o I. Sendo assim, seja $a + I \neq I$ em $\dfrac{A}{I}$. Se $a + I \neq I$, temos que $a \notin I$. Considere o ideal $J = (a) + I$. Assim, $I \subsetneq J \subset A$ e, como I é maximal, temos $J = A$. Como $1 \in A$, segue que $1 \in J$. Então,

$1 = r \cdot a + i$, onde $r \in A$ e $i \in I$. Assim,

$$\begin{aligned} 1+I &= (r \cdot a + i) + I = (r \cdot a + I) \oplus (i + I) \\ &\overset{i \in I}{=} (r \cdot a + I) \oplus I = (r \cdot a + I) \oplus (0 + I) \\ &= (r \cdot a + 0) + I = r \cdot a + I \\ &= (r + I) \odot (a + I). \end{aligned}$$

Ou seja, $(r+I) \odot (a+I) = 1+I = (a+I) \odot (r+I)$. Dessa forma, todo $a+I \neq I$ possui um inverso $r+I$ em $\frac{A}{I}$ e, portanto, $\frac{A}{I}$ é corpo.

■

Perceba que a volta do item (a) do Teorema 7.16 não é válida. Por exemplo, no anel $\mathbb{Z}$, o ideal $0\mathbb{Z}$ é primo, mas não é maximal.

Corolário 7.17 $n\mathbb{Z}$ é um ideal maximal de $\mathbb{Z}$ se, e somente se, n é primo.

Demonstração. Sabemos que $\frac{\mathbb{Z}}{n\mathbb{Z}} \simeq \mathbb{Z}_n$ e que $\mathbb{Z}_n$ é corpo se, e somente se, n é primo. Ou seja, $\frac{\mathbb{Z}}{n\mathbb{Z}}$ é corpo se, e somente se, n é primo. Pelo Teorema 7.16, $n\mathbb{Z}$ é ideal maximal de $\mathbb{Z}$ se, e somente se, n é primo. ■

Para finalizar este capítulo, vimos na Proposição 7.4 que os únicos ideais em um corpo K são $\{0\}$ e o próprio K. Agora, temos condições para demonstrar a volta deste resultado.

Corolário 7.18 Seja A anel comutativo com unidade. Então, A é corpo se, e somente se, os únicos ideais de A são $\{0\}$ e o próprio A.

Demonstração. ($\Longrightarrow$) Proposição 7.4.

($\Longleftarrow$) Primeiro, observe que $\dfrac{A}{\{0\}} \simeq A$. Basta tomar o epimorfismo identidade que teremos $ker(id) = \{0\}$ e, pelo 1º Teorema do Isomorfismo de anéis, $\dfrac{A}{\{0\}} \simeq A$.

Agora, sc os únicos ideais de A são $\{0\}$ e A, então $\{0\}$ é ideal maximal de A. Portanto, pelo Teorema 7.16, $\dfrac{A}{\{0\}}$ é corpo, como $\dfrac{A}{\{0\}} \simeq A$, segue que A é corpo. ■

7.6 Exercícios

1. Em um anel, mostre que a intersecção de ideais é um ideal.
2. Verifique se $\{\overline{0}, \overline{2}, \overline{4}\}$ é um ideal do anel $\mathbb{Z}_6$.
3. Sejam I e J ideais em um anel comutativo. Mostre que se $I \cap J = \{0\}$, então $x \cdot y = 0$, para todo $x \in I$ e todo $y \in J$.
4. Construa as tábuas de operações do anel quociente $\dfrac{\mathbb{Z}_6}{(\overline{3})}$.
5. Seja $f : A \longrightarrow B$ um homomorfismo de anéis. Se A é um corpo e $B \neq \{0\}$, prove que f é um isomorfismo sobre sua imagem.
6. Considere $(\mathscr{P}(E), \Delta, \circ)$ o anel comutativo com unidade do Exercício 4 do capítulo anterior. Para um

fixado subconjunto $S \subset E$ não vazio, defina a função $f : \mathscr{P}(E) \longrightarrow \mathscr{P}(E)$ por $f(A) = A \cap S$. Mostre que f é um homomorfismo de anéis e determine o seu núcleo.

7. Seja $f : A \longrightarrow A$ um homomorfismo de anéis. Prove que o conjunto dos pontos fixos[1] de A por f é subanel de A.
8. Demonstre que a aplicação $f : \mathbb{C} \longrightarrow M_2(\mathbb{R})$, definida por $f(a+bi) = \begin{pmatrix} a & b \\ -b & a \end{pmatrix}$ é um homomorfismo de anéis. Verifique se f é um monomorfismo.
9. Dado um homomorfismo de anéis $f : A \longrightarrow B$ e I um ideal de B, prove que $f^{-1}(I)$ é um ideal de A.
10. Prove o 2º Teorema do Isomorfismo para anéis.
11. Prove o 3º Teorema do Isomorfismo para anéis.
12. Seja $f : A \longrightarrow B$ um epimorfismo de anéis e I um ideal do anel B. Mostre que $\dfrac{A}{f^{-1}(I)} \simeq \dfrac{B}{I}$.
13. Descreva os seguintes ideais principais:
    a) $(\overline{2})$ em $\mathbb{Z}_6$.
    b) (-5) em $\mathbb{Z}$.
    c) $\left(\dfrac{2}{7}\right)$ em $\mathbb{Q}$.
    d) $(\sqrt{2})$ em $\mathbb{R}$.
    e) $(\overline{3})$ em $\mathbb{Z}_8$.
    f) (2) em $2\mathbb{Z}$.
    g) $\left(-\dfrac{3}{5}\right)$ em $\mathbb{R}$.
    h) $(1-i)$ em $\mathbb{C}$.
14. Encontre todos os ideais de $\mathbb{Z}_8$ e determine quais

[1] $a \in A$ tais que $f(a) = a$.

são primos e quais são maximais.

15. Considere $f : A \longrightarrow B$ um homomorfismo de anéis. Prove que se I é um ideal primo de B, então $f^{-1}(I)$ é um ideal primo de A.
16. Considere $f : A \longrightarrow B$ um epimorfismo de anéis. Prove que se I é um ideal maximal de B, então $f^{-1}(I)$ é um ideal maximal de A.

8. Anéis de polinômios

Neste capítulo, estudaremos anéis de polinômios. Em especial, abordaremos tópicos que englobam polinômios sobre corpos, divisibilidade e raízes. Culminaremos no Teorema Fundamental da Álgebra e suas consequências. Tal teorema é importante, pois garante que qualquer polinômio não constante em $\mathbb{C}[X]$, isto é, com coeficientes complexos, possui uma raiz em $\mathbb{C}$.

8.1 Anéis de polinômios

Definição 8.1 Seja A um anel. Uma sequência (x_k) de A é chamada de **sequência quase nula** quando existe $k_0 \in \mathbb{N}$ tal que $x_k = 0,\ \forall k > k_0$.

Neste capítulo, sempre que nos referirmos a um anel A, estaremos considerando A anel comutativo com unidade, mesmo que não esteja explícito.

Definição 8.2 Seja A um anel comutativo com unidade. Um **polinômio** f em uma variável sobre A é uma sequência quase nula de A, em outras palavras, $f = (a_0, a_1, \ldots, a_n, 0, 0, \ldots)$ onde $a_i \in A$, para qualquer $i \in \{0, 1, 2, \ldots\}$.

Denote por P o conjunto de todos os polinômios em uma variável sobre o anel comutativo com unidade A. Defina em P duas operações:

$$\oplus : P \times P \longrightarrow P$$

$$((a_0, a_1, a_2, \ldots), (b_0, b_1, b_2, \ldots)) \mapsto (a_0 + b_0, a_1 + b_1, a_2 + b_2, \ldots)$$

e

$$\odot : P \times P \longrightarrow P$$

$$((a_0, a_1, a_2, \ldots), (b_0, b_1, b_2, \ldots)) \mapsto (c_0, c_1, c_2, \ldots),$$

onde

$$\begin{aligned}
c_0 &= a_0 \cdot b_0, \\
c_1 &= a_0 \cdot b_1 + a_1 \cdot b_0, \\
c_2 &= a_0 \cdot b_2 + a_1 \cdot b_1 + a_2 \cdot b_0, \\
&\vdots \\
c_k &= \sum_{i=0}^{k} a_i \cdot b_{k-i} = \sum_{i+j=k} a_i \cdot b_j, \\
&\vdots
\end{aligned}$$

Neste contexto, $(P, \oplus, \odot)$ é um anel comutativo com unidade. Isto pode ser verificado pelo leitor como um exercício, as contas são simples, porém laboriosas.

No anel P, por razões práticas, usaremos o símbolo X

para denotar $(0,1,0,0,\ldots)$. Dessa forma, temos:

$$\begin{aligned}(1,0,0,0,\ldots) &= X^0\\ (0,1,0,0,\ldots) &= X^1\\ (0,0,1,0,0,\ldots) &= X^2\\ (0,0,0,1,0,0,\ldots) &= X^3\end{aligned}$$

e assim sucessivamente. Daremos a X o nome de **indeterminada** e, considerando que, para $\alpha \in A$, $(0,0,\ldots,0,\alpha,0,\ldots) = \alpha\cdot(0,0,\ldots,0,1,0,\ldots)$, temos que se $(a_0,a_1,a_2,\ldots,a_n,0,0,\ldots) \in P$ então $(a_0,a_1,a_2,\ldots,a_n,0,0,\ldots) = a_0 + a_1\cdot X + a_2\cdot X^2 + \ldots + a_n\cdot X^n$.

A partir deste momento, chamaremos P de **anel de polinômios** na indeterminada X com coeficientes em A e denotaremos $P = A[X]$. Se f é um polinômio de $A[X]$, usaremos a notação $f = f(X)$.

Sendo $f(X) = a_0 + a_1\cdot X + \ldots + a_n\cdot X^n \in A[X]$ e $\alpha \in A$, definimos $f(\alpha) = a_0 + a_1\cdot\alpha + \ldots + a_n\cdot\alpha^n$ e dizemos que α é **raiz** de $f(X)$ em A quando $f(\alpha) = 0$.

Diremos que dois polinômios $p(X), q(X) \in A[X]$ são iguais quando $q(X) = (a_0,a_1,\ldots,a_n,0,0,\ldots)$ e $p(X) = (b_0,b_1,\ldots,b_n,0,0,\ldots)$ com $a_i = b_i$, $\forall i \in \{0,1,2,...\}$, ou seja, $q(X) = a_0 + a_1\cdot X + \ldots + a_n\cdot X^n$ e $p(X) = b_0 + b_1\cdot X + ... + b_n\cdot X^n$ com $a_i = b_i$, $\forall i \in \{0,1,\ldots,n\}$.

Denotamos por $0 = 0(X) = 0 + 0\cdot X + 0\cdot X^2 + 0\cdot X^3 + \ldots$ o **polinômio nulo**, isto é, $0 = 0(X) = (a_k)$ onde $a_k = 0$, $\forall k \in \{0,1,2,\ldots\}$.

O polinômio $p(X) = a_0 + 0\cdot X + 0\cdot X^2 + 0\cdot X^3 + \ldots$, onde $a_0 \neq 0$ e $a_i = 0$, $\forall i \in \mathbb{N}$, é chamado de **polinômio constante** não nulo.

Após a introdução dos conceitos iniciais dos anéis de polinômios, prosseguiremos com a definição de grau, aplicável a polinômios não nulos.

Definição 8.3 Seja A anel comutativo com unidade. Considere $f(X) = a_0 + a_1 \cdot X + ... + a_n \cdot X^n$, onde $a_n \neq 0$, um polinômio não nulo em $A[X]$. Diremos que n é o **grau do polinômio** $f(X)$, denotado por $\partial f(X)$, se $a_n \neq 0$ e $a_i = 0$, $\forall i > n$. O termo a_n é chamado de **coeficiente dominante** de $f(X)$. Caso $a_n = 1$, diremos que $f(X)$ é um **polinômio mônico**.

Em $A[X]$, o polinômio nulo não possui grau definido. Note que um polinômio constante não nulo possui grau 0.

Proposição 8.1 Seja A anel comutativo com unidade e $f(X), g(X) \in A[X]$. Então:

(a) Se $f(X) + g(X) \neq 0$, então

$$\partial(f(X) + g(X)) \leq max\{\partial f(X), \partial g(X)\};$$

(b) $\partial(f(X) \cdot g(X)) \leq \partial f(X) + \partial g(X)$;

(c) Se A é um domínio de integridade, então

$$\partial(f(X) \cdot g(X)) = \partial f(X) + \partial g(X).$$

Demonstração. Suponha

$$f(X) = a_0 + a_1 \cdot X + \ldots + a_n \cdot X^n$$

e

$$g(X) = b_0 + b_1 \cdot X + \ldots + b_m \cdot X^m,$$

onde $\partial f(X) = n$ e $\partial g(X) = m$. Sem perda de generalidade, considere $n \leq m$.

(a) Suponha $\partial(f(X)+g(X)) > max\{\partial f(X), \partial g(X)\}$. Então, $\partial(f(X)+g(X)) = k > max\{m,n\}$. Então, temos $k > m$ e $a_k + b_k \neq 0$. Absurdo, pois quando $k > m$, temos $a_k = 0$, $b_k = 0$ e $a_k + b_k = 0$. Portanto,

$$\partial(f(X)+g(X)) \leq max\{\partial f(X), \partial g(X)\}.$$

(b) Considere $f(X) \cdot g(X) = c_0 + c_1 \cdot X + c_2 \cdot X^2 + \ldots$. Então, para cada $k \in \{0,1,2,3,\ldots\}$, tem-se

$$c_k = \sum_{i=0}^{k} a_i \cdot b_{k-i} = \sum_{i+j=k} a_i \cdot b_j.$$

Note que, como $\partial f(X) = n$, temos $i \leq n$ e, como $\partial g(X) = m$, temos $j \leq m$. Então, $i + j \leq m + n$, ou seja, $k \leq m + n$. Assim, temos

$$f(X) \cdot g(X) = c_0 + c_1 \cdot X + c_2 \cdot X^2 + \ldots + c_{n+m} \cdot X^{n+m}.$$

Portanto, $\partial(f(X) \cdot g(X)) \leq n + m$, ou seja,

$$\partial(f(X) \cdot g(X)) \leq \partial f(X) + \partial g(X).$$

(c) Do item (b), temos que $c_{n+m} = \sum_{i+j=n+m} a_i \cdot b_j$. Mas, como $i \leq n$ e $j \leq m$, então $i + j = n + m$ ocorre apenas quando $i = n$ e $j = m$, ou seja, $c_{n+m} = a_n \cdot b_m$. Como $\partial f(X) = n$, temos $a_n \neq 0$. Como $\partial g(X) = m$, temos $b_m \neq 0$. Sendo A um domínio de integridade, $a_n \cdot b_m \neq 0$. Portanto, neste caso,

$$\partial(f(X) \cdot g(X)) = \partial f(X) + \partial g(X).$$

■

Vamos exemplificar um caso onde o grau do produto de dois polinômios sobre um anel é estritamente menor que a soma dos graus dos dois polinômios considerados.

Exemplo 8.1 Seja $f(X) = \overline{2}\cdot X^2 + \overline{1}$ e $g(X) = \overline{3}\cdot X$ polinômios em $\mathbb{Z}_6[X]$. Note que

$$f(X)\cdot g(X) = \overline{6}\cdot X^3 + \overline{3}\cdot X = \overline{0}\cdot X^3 + \overline{3}\cdot X = \overline{3}\cdot X.$$

Assim, $\partial f(X) = 2$, $\partial g(X) = 1$ e $\partial(f(X)\cdot g(X)) = 1$. Neste caso, $\partial(f(X)\cdot g(X)) < \partial f(X) + \partial g(X)$. ■

Proposição 8.2 Se A é um domínio de integridade, então $A[X]$ é um domínio de integridade.

Demonstração. Sendo $f(X) \neq 0$ e $g(X) \neq 0$ em $A[X]$, provemos que $f(X)\cdot g(X) \neq 0$.

Considere

$$f(X) = a_0 + a_1\cdot X + \ldots + a_n\cdot X^n$$

e

$$g(X) = b_0 + b_1\cdot X + \ldots + b_m\cdot X^m,$$

com $\partial f(X) = n$ e $\partial g(X) = m$. Assim, da Proposição 8.1, $f(X)\cdot g(X) = c_0 + c_1\cdot X + c_2\cdot X^2 + \ldots + c_{n+m}\cdot X^{n+m}$, onde $c_{n+m} = a_n\cdot b_m \neq 0$, pois $a_n, b_m \in A$, com $a_n \neq 0$, $b_m \neq 0$ e A é domínio de integridade. Portanto, $f(X)\cdot g(X) \neq 0$.

Assim, $A[X]$ é um domínio de integridade. ■

8.2 Polinômios sobre um corpo

A partir deste ponto, assumiremos que K é um corpo. Em $K[X]$, podemos empregar um algoritmo de divisão de polinômios quando o divisor é não nulo. Além disso, podemos definir divisibilidade e demonstrar resultados extremamente interessantes relacionados às raízes de polinômios.

Teorema 8.3 — **Algoritmo da Divisão.** Seja K um corpo. Dados $f(X), g(X) \in K[X]$, com $g(X) \neq 0$, existem $q(X), r(X) \in K[X]$, únicos, tais que $f(X) = q(X) \cdot g(X) + r(X)$, onde $r(X) = 0$ ou $\partial r(X) < \partial g(X)$.

Demonstração. EXISTÊNCIA:

Se $f(X) = 0$, basta tomar $q(X) = 0$ e $r(X) = 0$.

Se $\partial f(X) < \partial g(X)$, tome $q(X) = 0$ e $r(X) = f(X)$.

Agora, se $\partial f(X) \geq \partial g(X)$, provemos por indução sobre $n = \partial f(X)$.

Para isso, considere $\partial f(X) = n \geq m = \partial g(X)$ e denote

$$f(X) = a_0 + a_1 \cdot X + \ldots + a_n \cdot X^n, \text{ com } a_n \neq 0$$

e

$$g(X) = b_0 + b_1 \cdot X + \ldots + b_m \cdot X^m, \text{ com } b_m \neq 0.$$

Segue a indução:

(i) Para $n = 0$, $\partial f(X) = 0$ implica $f(X) = a_0 \neq 0$. Por hipótese, $\partial f(X) \geq \partial g(X)$, logo $\partial g(X) = 0$, isto é, $g(X) = b_0 \neq 0$.
Como K é corpo, basta tomar $q(X) = a_0 \cdot b_0^{-1}$ e $r(X) = 0$.

(ii) Suponha que para todo $h(X) \in K[X]$ com $0 < \partial h(X) < n$, existam $q(X), r(X) \in K[X]$ tais que $h(X) = q(X) \cdot g(X) + r(X)$, onde $r(X) = 0$ ou $\partial r(X) < \partial g(X)$.

(iii) Provemos que a proposição é válida para $\partial f(X) = n$.

Defina $f_1(X) = f(X) - (a_n \cdot b_m^{-1}) \cdot X^{n-m} \cdot g(X)$. Então,

$$\begin{aligned} f_1(X) &= a_0 + a_1 \cdot X + \ldots + a_n \cdot X^n \\ &- (a_n \cdot b_m^{-1}) \cdot X^{n-m} \cdot (b_0 + b_1 \cdot X + \ldots + b_m \cdot X^m) \\ &= a_0 + a_1 \cdot X + \ldots + a_n \cdot X^n \\ &- b_0 \cdot a_n \cdot b_m^{-1} \cdot X^{n-m} - b_1 \cdot a_n \cdot b_m^{-1} \cdot X^{n-m+1} \\ &- \ldots - b_m \cdot a_n \cdot b_m^{-1} \cdot X^n \\ &= a_0 + a_1 \cdot X + \ldots + \cancel{a_n \cdot X^n} \\ &- b_0 \cdot a_n \cdot b_m^{-1} \cdot X^{n-m} - b_1 \cdot a_n \cdot b_m^{-1} \cdot X^{n-m+1} \\ &- \ldots - \cancel{a_n \cdot X^n} \end{aligned}$$

Note que $\partial f_1(X) < n$. Pela hipótese de indução, segue que existem $q_1(X), r_1(X) \in K[X]$ tais que $f_1(X) = q_1(X) \cdot g(X) + r_1(X)$, onde $r_1(X) = 0$ ou $\partial r_1(X) < \partial g(X)$.
Logo,

$$\begin{aligned} f(X) &= f_1(X) + (a_n \cdot b_m^{-1}) \cdot X^{n-m} \cdot g(X) \\ &= q_1(X) \cdot g(X) + r_1(X) + (a_n \cdot b_m^{-1}) \cdot X^{n-m} \cdot g(X) \\ &= [q_1(X) + (a_n \cdot b_m^{-1}) \cdot X^{n-m}] \cdot g(X) + r_1(X), \end{aligned}$$

onde $r_1(X) = 0$ ou $\partial r_1(X) < \partial g(X)$.
Portanto, existem $q(X) = q_1(X) + (a_n \cdot b_m^{-1}) \cdot X^{n-m}$ e $r(X) = r_1(X)$ em $K[X]$ tais que $f(X) = q(X) \cdot g(X) + r(X)$, onde $r(X) = 0$ ou $\partial r(X) < \partial g(X)$.

O que completa a prova por indução.

UNICIDADE:

Suponha que $f(X) = q_1(X) \cdot g(X) + r_1(X)$ e $f(X) = q_2(X) \cdot g(X) + r_2(X)$, com $r_1(X) = 0$ ou $\partial r_1(X) < \partial g(X)$

e $r_2(X) = 0$ ou $\partial r_2(X) < \partial g(X)$. Então, $q_1(X) \cdot g(X) + r_1(X) = q_2(X) \cdot g(X) + r_2(X)$, ou seja,

$$[q_1(X) - q_2(X)] \cdot g(X) = r_2(X) - r_1(X). \quad (8.1)$$

Suponha que $q_1(X) \neq q_2(X)$. Desse modo, $\partial([q_1(X) - q_2(X)] \cdot g(X)) \geq g(X)$ e, da Equação (8.1), $\partial(r_2(X) - r_1(X)) \geq g(X)$, o que é impossível! Portanto, $q_1(X) = q_2(X)$.

Agora, da Equação (8.1), uma vez que $q_1(X) = q_2(X)$,

$$0 \cdot g(X) = r_2(X) - r_1(X) \implies r_1(X) = r_2(X).$$

Dessa forma, são únicos os $q(X), r(X) \in K[X]$ tais que $f(X) = q(X) \cdot g(X) + r(X)$, onde $r(X) = 0$ ou $\partial r(X) < \partial g(X)$. ■

Definição 8.4 Seja K um corpo e $f(X), g(X) \in K[X]$. Dizemos que $f(X)$ divide $g(X)$, denotamos $f(X) \mid g(X)$, quando existe $q(X) \in K[X]$ tal que $g(X) = q(X) \cdot f(X)$.

■ **Exemplo 8.2** Considere $f(X) = X - 1$ e $g(X) = X^2 - 1$ em $\mathbb{R}[X]$. Temos que $f(X) \mid g(X)$, pois existe $q(X) = X + 1 \in \mathbb{R}[X]$ tal que $g(X) = q(X) \cdot f(X)$. ■

Demonstraremos algumas propriedades relacionadas à divisibilidade entre polinômios. Aqueles familiarizados com o conceito de divisibilidade no anel dos inteiros notarão semelhanças.

Proposição 8.4 Seja K um corpo e $f(X), g(X), h(X) \in K[X]$. Então:

(a) $f(X) \mid f(X)$;

(b) Se $f(X) \mid g(X)$ e $g(X) \mid h(X)$, então $f(X) \mid h(X)$;
(c) Se $f(X) \mid g(X)$ e $f(X) \mid h(X)$, então

$$f(X) \mid (p(X) \cdot g(X) + q(X) \cdot h(X)),$$

para quaisquer $p(X), q(X) \in K[X]$ não nulos.

Demonstração. (a) Basta notar que $f(X) = 1 \cdot f(X)$.

(b) Temos $g(X) = l_1(X) \cdot f(X)$ e $h(X) = l_2(X) \cdot g(X)$, com $l_1(X), l_2(X) \in K[X]$. Desse modo, $h(X) = l_2(X) \cdot l_1(X) \cdot f(X) = l(X) \cdot f(X)$, onde denotamos $l(X) = l_2(X) \cdot l_1(X) \in K[X]$.
Portanto, $f(X) \mid h(X)$.

(c) Temos $g(X) = l_1(X) \cdot f(X)$ e $h(X) = l_2(X) \cdot f(X)$, com $l_1(X), l_2(X) \in K[X]$. Tome $p(X), q(X) \in K[X]$ não nulos. Então,

$$\begin{aligned} & p(X) \cdot g(X) + q(X) \cdot h(X) \\ & = p(X) \cdot l_1(X) \cdot f(X) + q(X) \cdot l_2(X) \cdot f(X) \\ & = (p(X) \cdot l_1(X) + q(X) \cdot l_2(X)) \cdot f(X) \\ & = l(X) \cdot f(X), \end{aligned}$$

onde $l(X) = p(X) \cdot l_1(X) + q(X) \cdot l_2(X) \in K[X]$, ou seja,

$$f(X) \mid (p(X) \cdot g(X) + q(X) \cdot h(X)).$$

■

Lema 8.5 Seja K um corpo e $f(X) \in K[X]$. Então, $\alpha \in K$ é uma raiz de $f(X)$ se, e somente se, $(x - \alpha) \mid f(X)$.

Demonstração. ($\Longrightarrow$) Tome $g(X) = x - \alpha \in K[X]$. Pelo Teorema 8.3, existem $q(X), r(X) \in K[X]$ tais que $f(X) =$

$q(X) \cdot (x - \alpha) + r(X)$, onde $r(X) = 0$ ou $\partial r(X) < \partial g(X) = 1$. Assim, obrigatoriamente, $r(X) = 0$ ou $\partial r(X) = 0$, isto é, $r(X) = l$, onde $l \in K$. Então, $f(X) = q(X) \cdot (X - \alpha) + l$. Como $\alpha \in K$ é raiz de $f(X)$:

$$\begin{aligned} f(\alpha) = 0 &\implies q(\alpha) \cdot (\alpha - \alpha) + l = 0 \\ &\implies q(\alpha) \cdot 0 + l = 0 \\ &\implies l = 0. \end{aligned}$$

Então, $f(X) = q(X) \cdot (X - \alpha)$, portanto, $(X - \alpha) \mid f(X)$.

$(\Longleftarrow)$ Se $(X - \alpha) \mid f(X)$, então $f(X) = q(X) \cdot (X - \alpha)$, com $q(X) \in K[X]$. Dessa forma, $f(\alpha) = q(\alpha) \cdot (\alpha - \alpha) = q(\alpha) \cdot 0 = 0$ e $\alpha \in K$ é raiz de $f(X)$. ■

O próximo resultado irá relacionar o grau de um polinômio em $K[X]$ com a sua quantidade máxima de raízes no corpo K.

Teorema 8.6 Seja K um corpo e $f(X) \in K[X]$ um polinômio com $\partial f(X) = n$. Então, $f(X)$ possui no máximo n raízes em K.

Demonstração. Provemos o resultado por indução sobre $n = \partial f(X)$.

(i) Se $n = 0$, $\partial f(X) = 0$, então $f(X)$ não possui raízes em K e a proposição está satisfeita.

(ii) Suponha que para todo $h(X) \in K[X]$ com $\partial h(X) = n - 1$, seja verdade que $h(X)$ possui no máximo $n - 1$ raízes em K.

(iii) Provemos para $\partial f(X) = n$. Se $f(X)$ não admite raiz em K, o resultado está satisfeito e não há mais o que provar. Agora, supondo que $\alpha \in K$ seja uma raiz de

$f(X)$, pelo Lema 8.5, $f(X) = q(X) \cdot (X - \alpha)$, onde $q(X) \in K[X]$. Também, uma vez que $\partial f(X) = n$ e $\partial(X - \alpha) = 1$, temos, pela Proposição 8.1, que $\partial q(X) = n - 1$. Como estamos em um domínio de integridade, as raízes de $f(X)$ são as raízes de $q(X)$ e também α. Além disso, $q(X)$ possui, pela hipótese de indução, no máximo $n - 1$ raízes em K. Portanto, $f(X)$ possui no máximo n raízes em K, entre α e as raízes de $q(X)$.

Por indução, o resultado está demonstrado. ■

Corolário 8.7 Seja K um corpo e $f(X) \in K[X]$ um polinômio com $\partial f(X) = n$. Então $f(X)$ possui no máximo n raízes em qualquer corpo L no qual K seja subcorpo[1].

Demonstração. Basta observar que, se $f(X) \in K[X]$ e $K \subset L$, onde L é corpo, então $f(X) \in L[X]$. Pelo Teorema 8.6, segue o resultado. ■

No contexto do Corolário 8.7, os exemplos a seguir exibem como o número de raízes de um polinômio em K varia à medida que K é alterado.

Exemplo 8.3 Considere o polinômio $X^2 + 1 \in K[X]$. Para $K = \mathbb{R}$, este polinômio não admite raízes em $\mathbb{R}$. Para $K = \mathbb{C}$, o polinômio terá duas raízes em $\mathbb{C}$. ■

Exemplo 8.4 Considere o polinômio $X^3 - 2 \in K[X]$. Para $K = \mathbb{Q}$, o polinômio não possui raízes em $\mathbb{Q}$. Para $K = \mathbb{R}$, o polinômio possui apenas uma raiz em $\mathbb{R}$. Para $K = \mathbb{C}$, admite três raízes em $\mathbb{C}$. ■

[1] Após a leitura do Capítulo 9 deste livro, o leitor pode estabelecer este corolário da seguinte forma: "Seja K um corpo e $f(X) \in K[X]$ um polinômio com $\partial f(X) = n$. Então $f(X)$ possui no máximo n raízes em qualquer extensão L de K".

Supondo que K é um corpo infinito, estabelecemos a próxima proposição.

Proposição 8.8 Seja K um corpo com infinitos elementos e $f(X), g(X) \in K[X]$. Então, $f(X) = g(X)$ se, e somente se, $f(\beta) = g(\beta)$, $\forall \beta \in K$.

Demonstração. ($\Longrightarrow$) Imediato.

($\Longleftarrow$) Tome $h(X) = f(X) - g(X) \in K[X]$. Sendo assim,

$$h(\beta) = f(\beta) - g(\beta) \overset{f(\beta)=g(\beta)}{=} 0, \ \forall \beta \in K.$$

Como K é infinito, temos que existem infinitos $\beta \in K$ tais que $h(\beta) = 0$. Pelo Teorema 8.6, isto só ocorre se $h(X) = 0$, ou seja, se $h(X)$ for o polinômio nulo. Portanto, $f(X) - g(X) = 0$ e, assim, $f(X) = g(X)$. ■

Ilustremos no exemplo seguinte a importância da hipótese de K ser infinito na proposição anterior.

▪ **Exemplo 8.5** Lembre que $\mathbb{Z}_p$, onde p é primo, é um corpo finito. Neste caso, $\overline{\beta}^p = \overline{\beta}$, $\forall \overline{\beta} \in \mathbb{Z}_p$. Considere os polinômios $f(X) = X^p - X$ e $g(X) = \overline{0}$ em $\mathbb{Z}_p[X]$. Note que $f(\overline{\beta}) = \overline{0} = g(\overline{\beta})$, $\forall \overline{\beta} \in \mathbb{Z}_p$, mas $f(X) \neq g(X)$. ▪

Neste ponto, introduziremos alguns conceitos de ideais no contexto dos anéis de polinômios.

Supondo que A seja um anel comutativo com unidade, dado $f(X) \in A[X]$, denotaremos o ideal principal gerado por $f(X)$ por $(f(X)) = \{q(X) \cdot f(X) \mid q(X) \in A[X]\}$. Dizemos que um ideal $I[X]$ de $A[X]$ é primo se $I[X] \neq A[X]$ e se, dados $f(X), g(X) \in A[X]$, $f(X) \cdot g(X) \in I[X]$ implicar $f(X) \in I[X]$ ou $g(X) \in I[X]$. Dizemos que um ideal $I[X]$

de $A[X]$ é maximal se $I[X] \neq A[X]$ e se qualquer ideal $J[X]$ de $A[X]$ tal que $I[X] \subsetneq J[X] \subset A[X]$ implicar $J[X] = A[X]$.

Os resultados que provamos sobre ideais, como, por exemplo, a Proposição 7.2 e o Teorema 7.16, obviamente continuam valendo no contexto de ideais em anéis de polinômios.

Provemos a seguir que quando K é um corpo, $K[X]$ é anel principal.

Proposição 8.9 Seja K um corpo. Todo ideal de $K[X]$ é principal.

Demonstração. Seja $I[X]$ ideal de $K[X]$.

Se $I[X] = \{0\}$, então $I[X] = (0)$ e é principal.

Se $I[X] \neq \{0\}$, então existe pelo menos um polinômio não nulo em $I[X]$. Tome $p(X) \in I[X]$, não nulo, tal que $\partial p(X)$ é o menor possível. Se $\partial p(X) = 0$, então $p(X) = a$, com $a \in K$, $a \neq 0$. Assim, existe $p^*(X) = a^{-1} \in K[X]$ tal que $\underbrace{p(X)}_{\in I[X]} \cdot \underbrace{p^*(X)}_{\in K[X]} \in I[X]$, ou seja, $1 \in K[X]$ e, pela Proposição 7.2, $I[X] = K[X]$. Portanto, $I[X] = (1)$. Agora, se $\partial p(X) > 0$, provemos que $I[X] = (p(X))$.

- $(p(X)) \subset I[X]$ é imediato.
- $I[X] \subset (p(X))$.
  Seja $f(X) \in I[X]$. Existem $q(X), r(X) \in K[X]$, únicos, tais que $f(X) = q(X) \cdot p(X) + r(X)$, onde $r(X) = 0$ ou $\partial r(X) < \partial p(X)$.
  Note que

$$r(X) = \underbrace{f(X)}_{\in I[X]} - \underbrace{\underbrace{q(X)}_{\in K[X]} \cdot \underbrace{p(X)}_{\in I[X]}}_{\in I[X]} \in I[X],$$

Como tomamos $p(X)$ com o menor grau possível em $I[X]$, segue que $r(X) = 0$.

Assim, $f(X) = q(X) \cdot p(X)$, ou seja, $f(X) \in (p(X))$.

Então, $I[X] = (p(X))$.

Em todo caso, os ideais de $K[X]$ são sempre principais.

■

Definição 8.5 Seja K um corpo. Dizemos que $d(X) \in K[X]$ é um **máximo divisor comum** (*mdc*) de $p_1(X), \ldots, p_m(X) \in K[X]$, quando:

(a) $d(X) \mid p_i(X)$, $\forall i \in \{1, \ldots, m\}$;

(b) Se $d'(X) \in K[X]$ é tal que $d'(X) \mid p_i(X)$, $\forall i \in \{1, \ldots, m\}$, então $d'(X) \mid d(X)$.

Proposição 8.10 Seja K um corpo. Considere o ideal $(d(X))$ de $K[X]$ gerado por um polinômio $d(X) \in K[X]$. Se $(d(X)) = (p_1(X)) + (p_2(X)) + \ldots + (p_m(X))$, onde $p_1(X), \ldots, p_m(X)$ são polinômios, não nulos, em $K[X]$, então $d(X)$ é um *mdc* de $p_1(X), \ldots, p_m(X)$.

Demonstração. Provemos que a Definição 8.5 é satisfeita.

(a) Como $p_i(X)$, $i \in \{1, \ldots, m\}$, satisfaz $p_i(X) \in (p_i(X))$, então $p_i(X) \in (p_1(X)) + (p_2(X)) + \ldots + (p_m(X)) = (d(X))$. Logo, $p_i(X) = q_i(X) \cdot d(X)$, com $q_i(X) \in K[X]$, $i \in \{1, \ldots, m\}$. Então, $d(X) \mid p_i(X)$, $i \in \{1, \ldots, m\}$.

(b) Suponha $d'(X) \in K[X]$ tal que $d'(X) \mid p_i(X)$, para qualquer $i \in \{1, \ldots, m\}$. Então, $p_i(X) = d'(X) \cdot l_i(X)$, com $l_i(X) \in K[X]$. Assim, para todo $i \in \{1, \ldots, m\}$, $p_i(X) \in (d'(X))$, então,

$$d(X) \in (d(X)) = \left(\sum_{j=1}^{m} (p_j(X)) \right) \subset (d'(X)).$$

Portanto, $d(X) = l(X) \cdot d'(X)$ e $d'(X) \mid d(X)$.

■

Definição 8.6 Seja K um corpo e $f(X) \in K[X]$ com $\partial f(X) > 0$. Dizemos que $f(X)$ é um **polinômio irredutível** sobre K se toda vez que $f(X) = g(X) \cdot h(X)$, com $g(X), h(X) \in K[X]$, implicar $g(X) = a \neq 0$ ou $h(X) = b \neq 0$, polinômios constantes não nulos. Se $f(X)$ não for irredutível sobre K, diremos que $f(X)$ é um **polinômio redutível** sobre K.

Perceba que um polinômio pode ser irredutível sobre um corpo K, mas redutível sobre um corpo L no qual K seja subcorpo[2]. Veja o exemplo a seguir.

Exemplo 8.6 O polinômio $X^2 + 1$ é irredutível sobre $\mathbb{R}$, mas redutível sobre $\mathbb{C}$. ■

Para encerrar esta seção, demonstraremos a seguinte equivalência.

Teorema 8.11 Seja K um corpo e $f(X) \in K[X]$ um polinômio com $\partial f(X) > 0$. Então, são equivalentes:

(a) $f(X)$ é irredutível sobre K;

(b) $(f(X))$ é um ideal maximal de $K[X]$;

(c) $\dfrac{K[X]}{(f(X))}$ é corpo.

Demonstração. Que os itens (b) e (c) são equivalentes, segue do Teorema 7.16. Basta, então, provarmos que (a) é equivalente ao item (b).

[2]Após a leitura do Capítulo 9 deste livro, o leitor pode reconsiderar esta frase da seguinte forma: "Um polinômio pode ser irredutível sobre um corpo K, mas redutível sobre uma extensão L de K."

($\Longrightarrow$) Considere $J[X]$ ideal de $K[X]$ tal que $(f(X)) \subsetneq J[X] \subset K[X]$. Provemos que $J[X] = K[X]$.

Da Proposição 8.9, todo ideal de $K[X]$ é principal. Então, $J[X] = (p(X))$, para algum $p(X) \in K[X]$.

Assim, $f(X) = q(X) \cdot p(X)$, com $q(X) \in K[X]$, pois $f(X) \in (f(X)) \subsetneq J[X]$.

Como $f(X)$ é irredutível sobre K, $q(X) = a \neq 0$ ou $p(X) = b \neq 0$.

Mas $q(X) = a \neq 0$ não ocorre, pois $(f(X)) \neq (p(X)) = J[X]$. Então, segue que $p(X) = b \neq 0$. Dessa forma:

$$\begin{aligned} p(X) = b \neq 0 &\Longrightarrow b^{-1} \cdot p(X) = b^{-1} \cdot b \\ &\Longrightarrow b^{-1} \cdot p(X) = 1 \\ &\Longrightarrow 1 \in (p(X)) = J[X]. \end{aligned}$$

Pela Proposição 7.2, $J[X] = K[X]$.

($\Longleftarrow$) Suponha que $(f(X))$ não seja maximal. Provemos que $f(X)$ não é irredutível sobre K.

Se $(f(X))$ não é maximal, existe $J[X] = (p(X))$, com $p(X) \in K[X]$, ideal de $K[X]$, tal que $(f(X)) \subsetneq (p(X)) \subset K[X]$ e $(p(X)) \neq K[X]$.

Note que $f(X) \in (f(X)) \subsetneq (p(X))$, assim, $f(X) = q(X) \cdot p(X)$, com $q(X) \in K[X]$. Note que $\partial q(X) \geq 1$, pois, se $\partial q(X) = 0$, teríamos $q(X) = a \neq 0$ e

$$\begin{aligned} f(X) = a \cdot p(X) &\Longrightarrow p(X) = a^{-1} \cdot f(X) \\ &\Longrightarrow p(X) \in (f(X)), \end{aligned}$$

o que é um absurdo, uma vez que $(f(X)) \subsetneq (p(X))$.

Também, $\partial p(X) \geq 1$, pois, se $\partial p(X) = 0$, teríamos $p(X) = b \neq 0$ e

$$\begin{aligned} f(X) = b \cdot q(X) &\Longrightarrow q(X) = b^{-1} \cdot f(X) \\ &\Longrightarrow q(X) \in (f(X)), \end{aligned}$$

o que não ocorre, uma vez que $(f(X)) \subsetneq K[X]$.

Então, $f(X) = q(X) \cdot p(X)$, onde $p(X)$ e $q(X)$ não são polinômios constantes. Logo, $f(X)$ não é irredutível sobre K. ■

8.3 O Teorema Fundamental da Álgebra

Os corpos mais comuns são $\mathbb{Q}$, $\mathbb{R}$ e $\mathbb{C}$. Ao estudarmos polinômios, não podemos garantir que, se $p(X) \in \mathbb{Q}[X]$ ou $p(X) \in \mathbb{R}[X]$, o polinômio terá raízes em $\mathbb{Q}$ ou em $\mathbb{R}$. Lembre dos exemplos $X^3 - 2 \in \mathbb{Q}[X]$ e $X^2 + 1 \in \mathbb{R}[X]$ que discutimos anteriormente. Não há raízes de $X^3 - 2$ em $\mathbb{Q}$ nem de $X^2 + 1$ em $\mathbb{R}$. Com o corpo $\mathbb{C}$ essa situação muda. Existe um teorema amplamente reconhecido, o Teorema Fundamental da Álgebra, que fornece essa garantia. Existem muitas demonstrações para o Teorema Fundamental da Álgebra, todavia, praticamente todas demandam ferramentas exteriores à Álgebra. Tais demonstrações também são longas e fogem muito do escopo deste livro. Por este motivo, aqui o teorema será apenas enunciado. No entanto, isso não nos impedirá de explorar suas implicações por meio de várias consequências e corolários.

Teorema 8.12 — **Teorema Fundamental da Álgebra.** Seja $f(X) \in \mathbb{C}[X]$ um polinômio não constante. Então, $f(X)$ possui uma raiz em $\mathbb{C}$.

A partir deste ponto, aprofundaremos nossa compreensão deste belo resultado explorando detalhadamente suas implicações através de uma lista de corolários interessantes.

Corolário 8.13 Um polinômio $f(X) \in \mathbb{C}[X]$ é irredutível sobre $\mathbb{C}$ se, e somente se, $\partial f(X) = 1$.

Demonstração. ($\Longrightarrow$) Pelo Teorema Fundamental da Álgebra, existe $\alpha \in \mathbb{C}$ tal que α é raiz de $f(X)$. Pelo Lema 8.5, $f(X) = (x-\alpha)\cdot q(X)$, com $q(X) \in \mathbb{C}[X]$. Como $f(X)$ é irredutível sobre $\mathbb{C}$, obrigatoriamente $q(X) = a \neq 0$. Assim, $f(X) = a\cdot(x-\alpha)$ e $\partial f(X) = 1$.

($\Longleftarrow$) Suponha $\partial f(X) = 1$ e $f(X) = g(X)\cdot h(X)$, com $g(X), h(X) \in \mathbb{C}[X]$. Pela Proposição 8.1:

$$\begin{aligned}\partial f(X) = \partial g(X) + \partial h(X) &\Longrightarrow 1 = \partial g(X) + \partial h(X)\\ &\Longrightarrow (\partial g(X) = 0 \text{ e } \partial h(X) = 1)\\ &\quad\ \text{ou } (\partial g(X) = 1 \text{ e } \partial h(X) = 0).\end{aligned}$$

De todo modo:

$$f(X) = g(X)\cdot h(X) \Longrightarrow g(X) = a \neq 0 \text{ ou } h(X) = b \neq 0.$$

Portanto, $f(X)$ é irredutível sobre $\mathbb{C}$. ■

Corolário 8.14 Seja $f(X) \in \mathbb{C}[X]$ um polinômio não constante com $\partial f(X) = n$. Então, existem $a, c_1, \ldots, c_n \in \mathbb{C}$ tais que $f(X) = a\cdot(X-c_1)\cdot(X-c_2)\cdots(X-c_n)$.

Demonstração. Usaremos indução sobre $\partial f(X) = n \geq 1$.

(i) Para $\partial f(X) = 1$,

$$\begin{aligned}f(X) &= a\cdot X + b = a\cdot(X + a^{-1}\cdot b)\\ &= a\cdot(X - (-a^{-1}\cdot b)),\end{aligned}$$

onde $a, b, -a^{-1}\cdot b \in \mathbb{C}$.

(ii) Suponha que se $l(X) \in \mathbb{C}[X]$ é tal que $\partial l(X) = n-1$, existem $a, c_1, \ldots, c_{n-1} \in \mathbb{C}$ tais que

$$l(X) = a \cdot (X - c_1) \cdot (X - c_2) \cdots (X - c_{n-1}).$$

(iii) Para $\partial f(X) = n$, seja $c_n \in \mathbb{C}$ uma raiz de $f(X)$, garantida pelo Teorema Fundamental da Álgebra. Assim, pelo Lema 8.5, $f(X) = q(X) \cdot (x - c_n)$, onde $q(X) \in \mathbb{C}[X]$. Note que $\partial q(X) = n - 1$, então, pela hipótese de indução, existem $a, c_1, \ldots, c_{n-1} \in \mathbb{C}$ tais que

$$q(X) = a \cdot (X - c_1) \cdot (X - c_2) \cdots (X - c_{n-1}).$$

Desse modo,

$$f(X) = a \cdot (X - c_1) \cdot (X - c_2) \cdots (X - c_{n-1}) \cdot (X - c_n).$$

■

Lema 8.15 Seja $f(X) \in \mathbb{R}[X]$ não constante. Se $z \in \mathbb{C}$ é raiz de $f(X)$, então o seu conjugado $z^C \in \mathbb{C}$ também é raiz de $f(X)$.

Demonstração. Denote $f(X) = a_0 + a_1 \cdot X + \ldots + a_n \cdot X^n$, com $a_n \neq 0$. Temos $f(z) = 0$. Calculemos $f(z^C)$.

$$\begin{aligned} f(z^C) &= a_0 + a_1 \cdot z^C + \ldots + a_n \cdot (z^C)^n \\ &= a_0^C + (a_1 \cdot z)^C + \ldots + ((a_n \cdot z)^C)^n \\ &= (a_0 + a_1 \cdot z + \ldots + a_n \cdot z^n)^C = (f(z))^C = 0^C = 0. \end{aligned}$$

Portanto, $z^C \in \mathbb{C}$ também é raiz de $f(X)$. ■

Corolário 8.16 As únicas possibilidades de $f(X) \in \mathbb{R}[X]$, polinômio não constante, ser irredutível sobre $\mathbb{R}$ são $\partial f(X) = 1$ ou $f(X) = a \cdot X^2 + b \cdot X + c$, com $a \neq 0$ e $b^2 - 4 \cdot a \cdot c < 0$.

Demonstração. Se $\partial f(X) = 1$, $f(X)$ é irredutível sobre $\mathbb{R}$, pois, sendo $g(X), h(X) \in \mathbb{R}[X]$ tais que $f(X) = g(X) \cdot h(X)$, pela Proposição 8.1, temos $\partial g(X) = 0$ ou $\partial h(X) = 0$.

Agora, assuma que $f(X)$ seja irredutível sobre $\mathbb{R}$ e que $\partial f(X) \geq 2$. Pelo Teorema Fundamental da Álgebra, $f(X)$ admite pelo menos uma raiz complexa $z = p + q\,i$. Pelo Lema 8.15, o conjugado $z^C = p - q\,i$ também é raiz de $f(X)$. Note que $z \notin \mathbb{R}$, pois, caso contrário, pelo Lema 8.5, $f(X)$ não seria irredutível sobre $\mathbb{R}$.

Note que $[(X - z) \cdot (X - z^C)] \mid f(X)$, mas $(X - z) \cdot (X - z^C) = (X - p - q\,i) \cdot (X - p + q\,i) = X^2 - X \cdot p + X \cdot q\,i - p \cdot X + p^2 - p \cdot q\,i - q \cdot X\,i + q \cdot p\,i - q^2\,i^2 = X^2 - 2 \cdot X \cdot p + p^2 + q^2$, assim, $f(X) = (X^2 - 2 \cdot X \cdot p + p^2 + q^2) \cdot q(X)$, com $q(X) \in \mathbb{R}[X]$.

Neste caso, se $\partial f(X) > 2$, então $q(X)$ não pode ser constante e $f(X)$ não seria irredutível.

Portanto, $\partial f(X) = 2$. Temos, assim, $f(X) = a \cdot X^2 + b \cdot X + c$, com $a, b, c \in \mathbb{R}$ e $a \neq 0$. O polinômio $f(X)$ não pode ter raiz real, caso contrário, pelo Lema 8.5, $f(X)$ não seria irredutível sobre $\mathbb{R}$. Portanto, só podemos concluir que $b^2 - 4 \cdot a \cdot c < 0$. ∎

Corolário 8.17 Todo polinômio $f(X) \in \mathbb{R}[X]$ com grau ímpar possui uma raiz real.

Demonstração. O resultado é trivial se o grau for 1. Agora, se o grau for maior ou igual a 3, o polinômio $f(X)$ pode ser escrito como o produto de polinômios irredutíveis em $\mathbb{R}$. Para o grau de $f(X)$ ser ímpar, pela Proposição 8.1 e pelo Corolário 8.16, pelo menos um desses polinômios irredutíveis possui grau 1. Denote tal polinômio por $g(X) = a \cdot X + b$, com $a \neq 0$. Note que $-a^{-1} \cdot b \in \mathbb{R}$ é raiz de $g(X)$ e, como $g(X)$ é fator de $f(X)$, também é raiz de $f(X)$. ■

8.4 Exercícios

1. Prove que $(P, \oplus, \odot)$, com as operações definidas no início da seção 8.1, é anel comutativo com unidade.
2. Dados dois anéis comutativos com unidade $A \simeq B$. Prove que $A[X] \simeq B[X]$.
3. Seja I ideal de um anel comutativo com unidade A. Mostre que $I[X]$ é ideal de $A[X]$.
4. Dado A anel comutativo com unidade, considere a relação: "$f(X) \sim g(X) \iff \partial f(X) = \partial g(X)$". Prove que $\sim$ é uma relação de equivalência no conjunto dos polinômios não nulos de $A[X]$.
5. Mostre que o conjunto de todos os polinômios com termo constante zero em $\mathbb{Z}[X]$ é um ideal primo.
6. Dados $f(X) = X^4 + \overline{2} \cdot X^3 - \overline{4} \cdot X + \overline{1}$ e $g(X) = \overline{2} \cdot X^2 + \overline{4} \cdot X + \overline{1}$, encontre polinômios $q(X), r(X) \in \mathbb{Z}_5[X]$ tal que $f(X) = q(X) \cdot g(X) + r(X)$, onde $r(X) = \overline{0}$ ou $\partial r(X) < \partial g(X)$.
7. Dado $f(X) = X^2 + X + \overline{2} \in \mathbb{Z}_3[X]$ prove que $f(X)$ é irredutível e calcule $\dfrac{\mathbb{Z}_3[X]}{(f(X))}$.
8. "Se A é corpo, então $A[X]$ é corpo". A afirmação é verdadeira ou falsa? Justifique.

9. Calcule as raízes de $f(X) = X^2 - \overline{1}$ em $\mathbb{Z}_{15}$.
10. Expresse $f(X) = X^4 + 1 \in \mathbb{R}[X]$ como um produto de polinômios de grau 2.
11. Encontre um polinômio não nulo em $\mathbb{R}[X]$ que tenha as raízes $5 - 8\,i$, $2 + 2\,i$ e 3.

9. Extensão de corpos

A Teoria dos Corpos abre caminho para a análise do comportamento das raízes em equações algébricas, uma questão que foi profundamente explorada por Evariste Galois (1811-1832). Suas contribuições notáveis nesse campo continuam a influenciar a Álgebra até os dias de hoje, embora agora sejam abordadas com uma perspectiva moderna. Basicamente, dado um polinômio $f(X)$ sobre um corpo K, o nosso interesse é estudar raízes da equação $f(X) = 0$.

Neste capítulo, exploraremos extensões de corpos, com ênfase em extensões algébricas, normais e separáveis. Dentro desse contexto, apresentaremos resultados significativos relacionados às raízes de equações algébricas.

9.1 Concepções iniciais

Definição 9.1 Uma **extensão de corpos** é um monomorfismo $i : K \longrightarrow L$, onde K e L são corpos.

▪ **Exemplo 9.1** As inclusões $i_1 : \mathbb{Q} \longrightarrow \mathbb{R}$, $i_2 : \mathbb{R} \longrightarrow \mathbb{C}$ e $i_3 : \mathbb{Q} \longrightarrow \mathbb{C}$ são extensões de corpos. ▪

▪ **Exemplo 9.2** Considere $K = \{a + b\sqrt{2} \mid a, b \in \mathbb{Q}\}$, que é um corpo com a soma e o produto usual dos reais. A inclusão $i : \mathbb{Q} \longrightarrow K$ é uma extensão de corpos. ▪

Se $i : K \longrightarrow L$ é uma extensão de corpos, frequentemente identificamos K com a sua imagem $i(K)$. Desta forma, podemos considerar i como uma inclusão e K como um subcorpo de L. Nesse contexto, dizemos que L é uma extensão de K e denotamos $L : K$, $L \supset K$ ou, ainda, $\begin{array}{c} L \\ | \\ K \end{array}$.

Definição 9.2 Considere uma extensão de corpos $L : K$ e um subconjunto não vazio $Y \subset L$. Definimos o corpo $K(Y)$ como a interseção de todos os subcorpos de L que contém tanto K quanto Y. Diremos que esse corpo é obtido por meio da operação de **adjunção** de Y a K. Se $Y = \{y_1, \ldots, y_n\}$, denotamos $K(Y)$ por $K(y_1, \ldots, y_n)$. No caso especial em que $Y = \{y_1\}$, denotamos $K(Y)$ como $K(y_1)$.

Proposição 9.1 Considere uma extensão de corpos $L : K$ e um subconjunto não vazio $Y \subset L$. Então, o corpo $K(Y)$ é o menor subcorpo de L que contém tanto K quanto Y.

Demonstração. Suponha que $K' \subset L$ seja um subcorpo de L que contenha K e Y. Da Definição 9.2, $K(Y)$ é formado pela intersecção de todos os subcorpos de L que contêm tanto K quanto Y, portanto $K(Y) \subset K'$. Então, $K(Y)$ é o menor subcorpo de L contendo K e Y. ■

▪ **Exemplo 9.3** O corpo $\mathbb{Q}(\sqrt{2}) = \{a + b\sqrt{2} \mid a, b \in \mathbb{Q}\}$ é obtido de $\mathbb{Q}$ adjuntando $\{\sqrt{2}\}$. ▪

▪ **Exemplo 9.4** O corpo $\mathbb{R}(i) = \{a + b\,i \mid a, b \in \mathbb{R}\} = \mathbb{C}$ é obtido de $\mathbb{R}$ adjuntando $\{i\}$. ▪

Apesar dos exemplos anteriores, é importante notar que a afirmação de que, sendo $L : K$ uma extensão de corpos e $\alpha \in L$, tenhamos $K(\alpha) = \{a + b\,\alpha \mid a, b \in K\}$, não é verdadeira em geral. Essa questão será esclarecida com mais detalhes na Proposição 9.5, que será demonstrada mais adiante neste capítulo.

Definição 9.3 Diremos que $L : K$ é uma **extensão simples** se existir $\alpha \in L$ tal que $L = K(\alpha)$.

▪ **Exemplo 9.5** As extensões de corpos $\mathbb{Q}(\sqrt{2}) : \mathbb{Q}$ e $\mathbb{C} : \mathbb{R}$ são exemplos de extensões simples. ▪

Às vezes, uma extensão pode não parecer ser simples à primeira vista, mas é. Veja o exemplo a seguir.

▪ **Exemplo 9.6** Provemos que $\mathbb{Q}(\sqrt{3}, \sqrt{5})$ é uma extensão simples.

De fato, provemos que $\mathbb{Q}(\sqrt{3}, \sqrt{5}) = \mathbb{Q}(\sqrt{3} + \sqrt{5})$.

- $\mathbb{Q}(\sqrt{3} + \sqrt{5}) \subset \mathbb{Q}(\sqrt{3}, \sqrt{5})$.
  Como $\mathbb{Q}(\sqrt{3}, \sqrt{5})$ é o menor corpo contendo $\mathbb{Q}, \{\sqrt{3}\}$ e $\{\sqrt{5}\}$, certamente $\sqrt{3} + \sqrt{5} \in \mathbb{Q}(\sqrt{3}, \sqrt{5})$.
  Portanto, $\mathbb{Q}(\sqrt{3} + \sqrt{5}) \subset \mathbb{Q}(\sqrt{3}, \sqrt{5})$.
- $\mathbb{Q}(\sqrt{3}, \sqrt{5}) \subset \mathbb{Q}(\sqrt{3} + \sqrt{5})$.

Provemos que $\sqrt{3}, \sqrt{5} \in \mathbb{Q}(\sqrt{3}+\sqrt{5})$.

$$\begin{aligned}
&\sqrt{3}+\sqrt{5} \in \mathbb{Q}(\sqrt{3}+\sqrt{5}) \\
&\Longrightarrow (\sqrt{3}+\sqrt{5})^2 \in \mathbb{Q}(\sqrt{3}+\sqrt{5}) \\
&\Longrightarrow 3+2\cdot\sqrt{3}\cdot\sqrt{5}+5 \in \mathbb{Q}(\sqrt{3}+\sqrt{5}) \\
&\Longrightarrow 8+2\cdot\sqrt{3}\cdot\sqrt{5} \in \mathbb{Q}(\sqrt{3}+\sqrt{5}) \\
&\Longrightarrow 8+2\cdot\sqrt{3}\cdot\sqrt{5}-8 \in \mathbb{Q}(\sqrt{3}+\sqrt{5}) \\
&\Longrightarrow 2\cdot\sqrt{3}\cdot\sqrt{5} \in \mathbb{Q}(\sqrt{3}+\sqrt{5}) \\
&\Longrightarrow \frac{1}{2}\cdot 2\cdot\sqrt{3}\cdot\sqrt{5} \in \mathbb{Q}(\sqrt{3}+\sqrt{5}) \\
&\Longrightarrow \sqrt{3}\cdot\sqrt{5} \in \mathbb{Q}(\sqrt{3}+\sqrt{5}) \\
&\Longrightarrow \sqrt{3}\cdot\sqrt{5}\cdot(\sqrt{3}+\sqrt{5}) \in \mathbb{Q}(\sqrt{3}+\sqrt{5}) \\
&\Longrightarrow 3\cdot\sqrt{3}+5\cdot\sqrt{5} \in \mathbb{Q}(\sqrt{3}+\sqrt{5}).
\end{aligned}$$

Então,

(i)

$$\begin{aligned}
&3\cdot\sqrt{3}+5\cdot\sqrt{5}-3\cdot(\sqrt{3}+\sqrt{5}) \in \mathbb{Q}(\sqrt{3}+\sqrt{5}) \\
&\Longrightarrow 2\cdot\sqrt{5} \in \mathbb{Q}(\sqrt{3}+\sqrt{5}) \\
&\Longrightarrow \frac{1}{2}\cdot 2\cdot\sqrt{5} \in \mathbb{Q}(\sqrt{3}+\sqrt{5}) \\
&\Longrightarrow \sqrt{5} \in \mathbb{Q}(\sqrt{3}+\sqrt{5})
\end{aligned}$$

(ii)

$$\begin{aligned}
&3\cdot\sqrt{3}+5\cdot\sqrt{5}-5\cdot(\sqrt{3}+\sqrt{5}) \in \mathbb{Q}(\sqrt{3}+\sqrt{5}) \\
&\Longrightarrow -2\cdot\sqrt{3} \in \mathbb{Q}(\sqrt{3}+\sqrt{5}) \\
&\Longrightarrow \left(-\frac{1}{2}\right)\cdot(-2\cdot\sqrt{3}) \in \mathbb{Q}(\sqrt{3}+\sqrt{5}) \\
&\Longrightarrow \sqrt{3} \in \mathbb{Q}(\sqrt{3}+\sqrt{5})
\end{aligned}$$

Portanto, $\mathbb{Q}(\sqrt{3},\sqrt{5}) \subset \mathbb{Q}(\sqrt{3}+\sqrt{5})$.

Logo, $\mathbb{Q}(\sqrt{3},\sqrt{5}) = \mathbb{Q}(\sqrt{3}+\sqrt{5})$ e $\mathbb{Q}(\sqrt{3},\sqrt{5})$ é uma extensão simples. ■

9.2 Extensões algébricas

Definição 9.4 Considere $L:K$ uma extensão de corpos e $\alpha \in L$.

(a) Dizemos que α é algébrico sobre K se existir um polinômio não nulo $f(X) \in K[X]$ tal que $f(\alpha) = 0$;

(b) Dizemos que α é transcendente sobre K se não for algébrico sobre K;

(c) A extensão $L:K$ é dita algébrica se todos os elementos de L são algébricos sobre K;

(d) A extensão $L:K$ é dita transcendente se não for algébrica.

Vejamos alguns exemplos.

■ **Exemplo 9.7** $\sqrt[3]{2}$ é algébrico sobre $\mathbb{Q}$, pois é raiz do polinômio $X^2 - 2 \in \mathbb{Q}[X]$. ■

■ **Exemplo 9.8** i é algébrico sobre $\mathbb{Q}$, pois é raiz de $X^2 + 1 \in \mathbb{Q}[X]$. ■

■ **Exemplo 9.9** $\sqrt{2}\,i$ é algébrico sobre $\mathbb{Q}$, pois é raiz de $X^2 + 2 \in \mathbb{Q}[X]$. ■

■ **Exemplo 9.10** Os números π e e (de Euler) são transcendentes sobre $\mathbb{Q}$. ■

■ **Exemplo 9.11** A extensão $\mathbb{Q}(\sqrt{2}):\mathbb{Q}$ é algébrica, pois qualquer $a+b\sqrt{2} \in \mathbb{Q}(\sqrt{2})$ é raiz de $X^2 - 2\cdot a\cdot X + (a^2 - 2\cdot b^2) \in \mathbb{Q}[X]$. ■

Considere $L:K$ uma extensão de corpos e $f(X) \in K[X]$ um polinômio. É importante observar que, sendo $\alpha \in L$ uma raiz de $f(X)$, sempre é possível conseguir um polinômio mônico, com o mesmo grau de $f(X)$, onde α é raiz, multiplicando os coeficientes de $f(X)$ pelo inverso do coeficiente dominante do polinômio. Por este motivo, por diversas vezes, sempre que necessário, dado um polinômio com raiz α, vamos considerá-lo mônico.

Proposição 9.2 Considere $L:K$ uma extensão de corpos e $\alpha \in L$ algébrico sobre K. Então, existe em $K[X]$ um único polinômio mônico, de menor grau, que admite α como raiz.

Demonstração. **EXISTÊNCIA:**

Sendo α algébrico sobre K, existe $f(X) \in K[X]$ tal que $f(\alpha) = 0$. Vamos assumir que $f(X)$ seja mônico. Denote

$$W = \{\partial p(X) \mid p(X) \in K[X] \text{ é mônico e } p(\alpha) = 0\} \subset \mathbb{N}.$$

Perceba que $W \neq \emptyset$, pois $\partial f(X) \in W$. Pelo Princípio da Boa Ordem[1], W possui um menor elemento, isto é, existe em $K[X]$ um polinômio mônico, de menor grau, que admite α como raiz.

UNICIDADE:

Suponha que existam dois polinômios mônicos $p(X)$ e $q(X)$ em $K[X]$, de menor grau $n = \partial p(X) = \partial q(X)$, que admitem α como raiz.

Suponha que $p(X) \neq q(X)$. Como $p(\alpha) = 0 = q(\alpha)$, segue que $p(\alpha) - q(\alpha) = 0$. Denote $l(X) = p(X) - q(X) \in$

[1]Todo subconjunto não vazio de $\mathbb{N}$ possui um menor elemento.

$K[X]$. Note que $l(X)$ admite α como raiz. Considere $l(X)$ mônico. Segue que $\partial l(X) = \partial(p(X) - q(X)) < n$, pois o termo de maior grau é cancelado em $p(X) - q(X)$. Contradição! Pois n deveria ser o menor grau para que um polinômio mônico admitisse α como raiz.

Portanto, $p(X) = q(X)$ e temos a unicidade comprovada. ■

Definição 9.5 Considere $L : K$ uma extensão de corpos e $\alpha \in L$ algébrico sobre K. Chamamos de **polinômio minimal** de α sobre K, denotado por $m_{\alpha,K}(X)$, o único polinômio mônico de $K[X]$, de menor grau, que admite α como raiz.

Aqui estão alguns exemplos de polinômios minimais.

- **Exemplo 9.12** O polinômio minimal de $i \in \mathbb{C}$ sobre $\mathbb{Q}$ é $X^2 + 1$. ■

- **Exemplo 9.13** O polinômio minimal de $\sqrt{2} \in \mathbb{R}$ sobre $\mathbb{Q}$ é $X^2 - 2$. ■

- **Exemplo 9.14** O polinômio minimal de $\sqrt[3]{2} \in \mathbb{R}$ sobre $\mathbb{Q}$ é $X^3 - 2$. ■

Suponha que tenhamos uma extensão de corpos em cadeia $L \supset K_2 \supset K_1$, onde $\alpha \in L$ seja um elemento algébrico tanto sobre K_1 quanto sobre K_2. O polinômio minimal de α sobre K_2 tem o grau menor ou igual ao polinômio minimal de α sobre K_1. Confira os próximos exemplos.

- **Exemplo 9.15** $\sqrt{2}$ é algébrico sobre $\mathbb{R}$ e sobre $\mathbb{Q}$ com $m_{\sqrt{2},\mathbb{R}}(X) = X - \sqrt{2}$ e $m_{\sqrt{2},\mathbb{Q}}(X) = X^2 - 2$. ■

- **Exemplo 9.16** i é algébrico sobre $\mathbb{R}$ e sobre $\mathbb{Q}$ com $m_{i,\mathbb{R}}(X) = m_{i,\mathbb{Q}}(X) = X^2 + 1$. ■

Proposição 9.3 Considere $L : K$ uma extensão de corpos com $\alpha \in L$ algébrico sobre K. Então:

(a) $m_{\alpha,K}(X)$ é irredutível sobre K;

(b) $m_{\alpha,K}(X)$ divide qualquer polinômio de $K[X]$ que admita α como raiz.

Demonstração. (a) Suponha que $m_{\alpha,K}(X)$ seja redutível sobre K, ou seja, $m_{\alpha,K}(X) = f(X) \cdot g(X)$, com $0 < \partial f(X) < \partial m_{\alpha,K}(X)$ e $0 < \partial g(X) < \partial m_{\alpha,K}(X)$. Como $m_{\alpha,k}(\alpha) = 0$, segue que $f(\alpha) \cdot g(\alpha) = 0$. Uma vez que L é corpo, então $f(\alpha) = 0$ ou $g(\alpha) = 0$.

Se $f(\alpha) = 0$, considerando-o mônico, segue que $f(\alpha) = 0$ e $\partial f(X) < \partial m_{\alpha,k}(X)$. Absurdo!

Se $g(\alpha) = 0$, considerando-o mônico, segue que $g(\alpha) = 0$ e $\partial g(X) < \partial m_{\alpha,k}(X)$. Absurdo!

Portanto, $m_{\alpha,K}(X)$ não pode ser redutível sobre K, ou seja, é irredutível sobre K.

(b) Considere $p(X) \in K[X]$ tal que $p(\alpha) = 0$. Provemos que $m_{\alpha,K}(X) \mid p(X)$.

Pelo Teorema 8.3, existem $q(X), r(X) \in K[X]$ tais que $p(X) = m_{\alpha,K}(X) \cdot q(X) + r(X)$, onde $r(X) = 0$ ou $\partial r(X) < \partial m_{\alpha,K}(X)$.

Assim,

$$p(\alpha) = m_{\alpha,K}(\alpha) \cdot q(\alpha) + r(\alpha)$$
$$\Longrightarrow 0 = 0 \cdot q(\alpha) + r(\alpha) \Longrightarrow r(\alpha) = 0.$$

Se $r(X) \neq 0$, vamos assumir que $r(X)$ é mônico. Temos $r(\alpha) = 0$ e $\partial r(X) < \partial m_{\alpha,K}(X)$. Absurdo! Portanto, $r(X) = 0$, ou seja, $p(X) = m_{\alpha,K}(X) \cdot q(X)$, com $q(X) \in K[X]$, isto é, $m_{\alpha,K}(X) \mid p(X)$.

■

Lema 9.4 Considere $L : K$ uma extensão de corpos e $\alpha \in L$. Então,

$$K(\alpha) = \left\{ \frac{f(\alpha)}{g(\alpha)} \mid f(X), g(X) \in K[X] \text{ com } g(\alpha) \neq 0 \right\}.$$

Demonstração. Denote

$$F = \left\{ \frac{f(\alpha)}{g(\alpha)} \mid f(X), g(X) \in K[X] \text{ com } g(\alpha) \neq 0 \right\}.$$

Observe que F é um corpo contendo K e $\{\alpha\}$. Portanto, basta provar que $F \subset K(\alpha)$. Como $K(\alpha)$ é o menor corpo contendo F e $\{\alpha\}$, obrigatoriamente $K(\alpha)$ será igual a F.

De fato, note que $\alpha \in K(\alpha)$, $K \subset K(\alpha)$ e $K(\alpha)$ é corpo. Então, $f(\alpha) \in K(\alpha)$, para qualquer $f(X) \in K[X]$. Dessa forma, sendo $g(\alpha) \in K(\alpha)$ não nulo, $\dfrac{1}{g(\alpha)} \in K(\alpha)$. Assim, $\dfrac{f(\alpha)}{g(\alpha)} \in K(\alpha)$, $\forall f(X), g(X) \in K[X]$, com $g(\alpha) \neq 0$. Portanto, $F \subset K(\alpha)$.

Concluímos que $K(\alpha) = F$, isto é,

$$K(\alpha) = \left\{ \frac{f(\alpha)}{g(\alpha)} \mid f(X), g(X) \in K[X] \text{ com } g(\alpha) \neq 0 \right\}.$$

■

Proposição 9.5 Seja $K(\alpha) : K$ uma extensão algébrica simples. Então, para todo elemento de $K(\alpha)$, existe um único modo de escrevê-lo como

$$a_0 + a_1 \cdot \alpha + \ldots + a_{n-1} \cdot \alpha^{n-1},$$

com $a_i \in K$, $i \in \{0, 1, \ldots, n-1\}$ e $n = \partial m_{\alpha,K}(X)$.

Demonstração. **EXISTÊNCIA:**

Seja $\beta \in K(\alpha)$. Pelo Lema 9.4, $\beta = \dfrac{f(\alpha)}{g(\alpha)}$, para algum $f(X) \in K[X]$ e algum $g(X) \in K[X]$ com $g(\alpha) \neq 0$.

Como $g(\alpha) \neq 0$, então $m_{\alpha,K}(X) \nmid g(X)$. Sendo o minimal $m_{\alpha,K}(X)$ irredutível, $m_{\alpha,K}(X)$ e $g(X)$ são primos entre si. Pelo Teorema de Bezout, existem $a(X), b(X) \in K[X]$ tais que $a(X) \cdot g(X) + b(X) \cdot m_{\alpha,K}(X) = 1$. Assim,

$$a(\alpha) \cdot g(\alpha) + \underbrace{b(\alpha) \cdot m_{\alpha,K}(\alpha)}_{=0} = 1$$

$$\Longrightarrow a(\alpha) \cdot g(\alpha) = 1 \overset{g(\alpha)\neq 0}{\Longrightarrow} a(\alpha) = \frac{1}{g(\alpha)}.$$

Então, $\beta = \dfrac{f(\alpha)}{g(\alpha)} = f(\alpha) \cdot a(\alpha) = h(\alpha)$, onde $h(X) = f(X) \cdot a(X) \in K[X]$.

Dividindo $h(X)$ por $m_{\alpha,K}(X)$, pelo Teorema 8.3, existem $q(X), r(X) \in K[X]$ tais que $h(X) = m_{\alpha,K}(X) \cdot q(X) + r(X)$, onde $r(X) = 0$ ou $\partial r(X) < \partial m_{\alpha,K}(X) = n$.

Assim, $\beta = h(\alpha) = m_{\alpha,K}(\alpha) \cdot q(\alpha) + r(\alpha)$. Uma vez que $m_{\alpha,K}(\alpha) \cdot q(\alpha) = 0$, segue que $\beta = h(\alpha) = r(\alpha)$.

Como $r(X) = 0$ ou $\partial r(X) < \partial m_{\alpha,K}(X) = n$, existem $a_0, a_1, \ldots, a_{n-1} \in K$ tais que $r(X) = a_0 + a_1 \cdot X + \ldots + a_{n-1} \cdot X^{n-1}$, ou seja,

$$\beta = r(\alpha) = a_0 + a_1 \cdot \alpha + \ldots + a_{n-1} \cdot \alpha^{n-1},$$

com $a_i \in K$, $i \in \{0, 1, \ldots, n-1\}$ e $n = \partial m_{\alpha,K}(X)$.

UNICIDADE:

Suponha que exista outro $h_2(X) \in K[X]$ tal que $\beta = h(\alpha) = h_2(\alpha)$ com $\partial h_2(X) < \partial m_{\alpha,K}(X)$. Então, $h(\alpha) -$

$h_2(\alpha) = 0$. Como $\partial(h(X) - h_2(X)) < \partial m_{\alpha,K}(X)$, segue que $h(X) - h_2(X) = 0$, ou seja, $h(X) = h_2(X)$.

Portanto, β se escreve de modo único como $\beta = a_0 + a_1 \cdot \alpha + \ldots + a_{n-1} \cdot \alpha^{n-1}$, com $a_i \in K$, $i \in \{0, 1, \ldots, n-1\}$ e $n = \partial m_{\alpha,K}(X)$. ■

▪ **Exemplo 9.17** O polinômio minimal de $\sqrt{2}$ sobre $\mathbb{Q}$ é $X^2 - 2$, portanto, temos que $\mathbb{Q}(\sqrt{2}) = \{a + b\sqrt{2} \mid a, b \in \mathbb{Q}\}$, conforme, inclusive, já havíamos estabelecido. ▪

▪ **Exemplo 9.18** O polinômio minimal de i sobre $\mathbb{R}$ é $X^2 + 1$, portanto, temos que $\mathbb{R}(i) = \{a + b\,i \mid a, b \in \mathbb{R}\} = \mathbb{C}$, conforme, inclusive, já havíamos estabelecido. ▪

▪ **Exemplo 9.19** O polinômio minimal de $\sqrt[3]{2}$ sobre $\mathbb{Q}$ é $X^3 - 2$, portanto, temos que
$\mathbb{Q}(\sqrt[3]{2}) = \{a + b\sqrt[3]{2} + c(\sqrt[3]{2})^2 \mid a, b, c \in \mathbb{Q}\}$. ▪

9.3 Grau de uma extensão

A partir deste ponto, iremos pressupor que o leitor tenha uma compreensão prévia do conceito de espaços vetoriais, o qual é geralmente abordado em um curso introdutório de Álgebra Linear.

Se $L : K$ é uma extensão de corpo, então podemos ver K como um subcorpo de L e definir as seguintes operações:

$$+ : L \times L \longrightarrow L$$
$$(x,y) \mapsto x+y$$

e

$$\cdot : K \times L \longrightarrow L$$
$$(\lambda, x) \mapsto \lambda \cdot x$$

Com tais operações, L é um espaço vetorial sobre o corpo K.

Definição 9.6 Seja $L : K$ uma extensão de corpos. A dimensão do espaço vetorial L sobre K ($dim_K L$) é chamada de **grau da extensão** $L : K$ e denotada por $[L : K]$. Dizemos que $L : K$ é uma **extensão finita**, caso $dim_K L$ seja finita, caso contrário, dizemos que $L : K$ é uma **extensão infinita**.

Exemplo 9.20 Temos que $\mathbb{C}$ é um espaço vetorial sobre $\mathbb{R}$ e $[\mathbb{C} : \mathbb{R}] = 2$, pois $\{1, i\}$ é uma base de $\mathbb{C}$ sobre $\mathbb{R}$. Portanto, $\mathbb{C} : \mathbb{R}$ é uma extensão finita. ■

Proposição 9.6 Toda extensão de corpos finita é algébrica.

Demonstração. Considere $L : K$ uma extensão finita com $[L : K] = n \in \mathbb{N}$ e $\alpha \in L$ um elemento qualquer.

Como $dim_K L = n$, segue que $\{1, \alpha, \ldots, \alpha^n\}$ é linearmente dependente sobre K, pois possui $n+1$ vetores. Então, existem $a_0, a_1, \ldots, a_n \in K$, não todos nulos, tais que $a_0 + a_1 \cdot \alpha + \ldots + a_n \cdot \alpha^n = 0$.

Tome $p(X) \in K[X]$ tal que $p(X) = a_0 + a_1 \cdot X + \ldots + a_n \cdot X^n$. Logo, $p(\alpha) = 0$ e α é algébrico sobre K. Desse modo, todo $\alpha \in L$ é algébrico sobre K, ou seja, $L : K$ é algébrica. ■

Com esta proposição, se torna imediato que uma extensão transcendente sempre será infinita.

Corolário 9.7 Toda extensão de corpos transcendente é infinita.

Demonstração. Caso contrário, seria algébrica, como reza a Proposição 9.6. ■

Proposição 9.8 Seja $K(\alpha) : K$ uma extensão algébrica simples. Então, $[K(\alpha) : K] = \partial m_{\alpha,K}(X)$.

Demonstração. Pela Proposição 9.5, todo elemento de $K(\alpha)$ é escrito de forma única como $K-$combinação linear de $\{1, \alpha, \ldots, \alpha^n\}$, onde $\partial m_{\alpha,K}(X) = n$.

Uma vez que $\{1, \alpha, \ldots, \alpha^{n-1}\}$ é linearmente independente sobre K, segue que $dim_K K(\alpha) = n$, isto é, $[K(\alpha) : K] = n$. ■

O próximo resultado que demonstraremos, o Teorema da Torre, é considerado como uma analogia do Teorema de Lagrange para extensão de corpos, porque ambos os teoremas mencionados envolvem a decomposição de uma estrutura maior em subestruturas menores.

Como sabemos, o Teorema de Lagrange é usado na teoria dos grupos e trata das ordens de subgrupos de um grupo finito. Ele estabelece que a ordem de qualquer subgrupo de um grupo finito deve dividir a ordem do grupo original.

O Teorema da Torre, por outro lado, descreve a estrutura de extensões de corpos em uma hierarquia. Ele estabelece que, se você tiver uma extensão de corpos em cadeia, cada uma contida na próxima, o grau da extensão final será o produto dos graus das extensões intermediárias (no universo das extensões finitas).

A analogia entre os dois teoremas está relacionada ao fato de ambos descreverem estruturas hierárquicas e fornecerem informações sobre como essas estruturas se relacionam. No entanto, eles são aplicados a contextos diferentes - grupos no caso do Teorema de Lagrange e corpos no caso do Teorema da Torre. A analogia destaca a ideia de que ambos os teoremas tratam da divisibilidade das ordens/graus em seus respectivos contextos.

Teorema 9.9 **— da Torre.** Sejam $M : L$ e $L : K$ extensões de corpos. Então, $M : K$ e $L : K$ são finitas se, e somente se, $M : K$ é finita. Mais precisamente: se $B = \{u_1, \ldots, u_n\}$ é uma base de M sobre L e $C = \{v_1, \ldots, v_m\}$ é uma base de L sobre K, então $D = \{v_j \cdot u_i \mid j \in \{1, \ldots, m\} \text{ e } i \in \{1, \ldots, n\}\}$ é uma base de M sobre K. Em particular: $[M : K] = [M : L] \cdot [L : K]$.

Demonstração. ($\Longleftarrow$) Sendo $M : K$ finita, $L : K$ é finita, pois L pode ser visto como um subespaço vetorial de M sobre K. Também, $M : L$ é finita, pois K pode ser visto como um subcorpo de L.

($\Longrightarrow$)

- D gera M sobre K.

  Dado $w \in M$, como B gera M sobre L, $w = \sum_{i=1}^{n} l_i \cdot u_i$, onde $l_i \in L$, $1 \leq i \leq n$.

Agora, C gera L sobre K, assim, para cada i, $l_i = \sum_{j=1}^{m} \alpha_{ij} \cdot v_j$, onde $\alpha_{ij} \in K$, $1 \leq j \leq m$, $1 \leq i \leq n$.

Então, $w = \sum_{i=1}^{n} l_i \cdot u_i = \sum_{i=1}^{n} \sum_{j=1}^{m} \alpha_{ij} \cdot (v_j \cdot u_i)$. Logo, D gera M sobre K.

- D é linearmente independente sobre K.

  Sejam $\alpha_{ij} \in K$ tais que $\sum_{i=1}^{n} \sum_{j=1}^{m} \alpha_{ij} \cdot (v_j \cdot u_i) = 0$. Então, $\sum_{i=1}^{n} \left(\sum_{j=1}^{m} \alpha_{ij} \cdot v_j \right) \cdot u_i = 0$. Como $\{u_1, \ldots, u_n\}$ é linearmente independente sobre L, concluímos que $\sum_{j=1}^{m} \alpha_{ij} \cdot v_j = 0$ e como $\{v_1, \ldots, v_m\}$ é linearmente independente sobre K, segue que $\alpha_{ij} = 0$, $1 \leq j \leq m$, $1 \leq i \leq n$.

  Portanto, D é linearmente independente sobre K.

Assim, D é base de M sobre K. Como $\#D = n \cdot m$, segue que $[M : K] = n \cdot m = [M : L] \cdot [L : K]$. ■

Por indução, o Teorema 9.9 pode ser ampliado para um número finito de extensões finitas.

9.4 Extensões isomorfas

Definição 9.7 Sejam $i : K \longrightarrow K'$ e $j : L \longrightarrow L'$ duas extensões de corpos. Um isomorfismo entre essas extensões é um par (λ, μ) de isomorfismos $\lambda : K \longrightarrow L$ e $\mu : K' \longrightarrow L'$ tal que $j(\lambda(k)) = \mu(i(k))$, para todo $k \in K$. Neste caso, diremos que i e j são **extensões isomorfas**.

A Definição 9.7, indica que o seguinte diagrama comuta:

$$\begin{array}{ccc} K' & \xrightarrow{\ \mu\ } & L' \\ {\scriptstyle i}\uparrow & & \uparrow{\scriptstyle j} \\ K & \xrightarrow[\ \lambda\ ]{} & L \end{array}$$

Se considerarmos i e j inclusões, então $\mu\big|_K = \lambda$, assim, $\mu(k) = \lambda(k)$, $\forall k \in K$. Além disso, se identificarmos K e L, λ pode ser tomada como a aplicação identidade, assim, $\mu(k) = k$, $\forall k \in K$, ou seja, $\mu\big|_K$ fixa os elementos de K.

Lema 9.10 Considere $L : K$ uma extensão de corpos e $\alpha \in L$ algébrico sobre K. Então, $\dfrac{K[X]}{(m_{\alpha,K}(X))} \simeq K(\alpha)$, onde $(m_{\alpha,K}(X))$ é o ideal principal gerado por $m_{\alpha,K}(X)$.

Demonstração. Na demonstração da Proposição 9.5, vimos que $K(\alpha) = \{h(\alpha) \mid h(x) \in K[X]\}$. Basta considerar o epimorfismo $\rho : K[X] \longrightarrow K(\alpha)$, tal que $\rho(f(X)) =$

$f(\alpha)$. Neste caso, $ker(\rho) = \{f(X) \in K[X] \mid \rho(f(X)) = f(\alpha) = 0\} = (m_{\alpha,K}(X))$. Pelo 1º Teorema do Isomorfismo para anéis, segue que $\dfrac{K[X]}{(m_{\alpha,K}(X))} \simeq K(\alpha)$. ■

Lema 9.11 Sejam $K(\alpha) : K$ e $K(\beta) : K$ extensões algébricas simples tais que α e β tenham o mesmo polinômio minimal $m(X) \in K[X]$. Então, existe um isomorfismo entre $K(\alpha)$ e $K(\beta)$ que pode ser tomado de forma a levar α em β.

Demonstração. Do Lema 9.10, existem isomorfismos

$$i : \frac{K[X]}{(m(X))} \longrightarrow K(\alpha)$$

$$f(X) + (m(X)) \mapsto f(\alpha)$$

e

$$j : \frac{K[X]}{(m(X))} \longrightarrow K(\beta)$$

$$p(X) + (m(X)) \mapsto p(\beta)$$

Assim, $j \circ i^{-1} : K(\alpha) \longrightarrow K(\beta)$ é isomorfismo. Além disso, perceba que $i(X + (m(X))) = \alpha$ e $j(X + (m(X))) = \beta$. Portanto, $j \circ i^{-1}(\alpha) = j(X + (m(X))) = \beta$. ■

Definição 9.8 Dado $i : K \longrightarrow L$ um monomorfismo de corpos, definimos $\hat{i} : K[X] \longrightarrow L[X]$ por $\hat{i}(a_0 + a_1 \cdot X + \ldots + a_n \cdot X^n) = i(a_0) + i(a_1) \cdot X + \ldots + i(a_n) \cdot X^n$.

A partir da Definição 9.8, quando $i : K \longrightarrow L$ é um isomorfismo, podemos concluir que $\hat{i} : K[X] \longrightarrow L[X]$ também se torna um isomorfismo. Encorajamos o leitor a verificar esse resultado como um exercício.

Proposição 9.12 Sejam K e L corpos, $i : K \longrightarrow L$ isomorfismo, $K(\alpha) : K$ e $K(\beta) : K$ extensões algébricas simples e suponha que $\hat{i}(m_{\alpha,K}(X)) = m_{\beta,L}(X)$. Então, existe um isomorfismo $j : K(\alpha) \longrightarrow K(\beta)$ tal que $j\Big|_K = i$ e $j(\alpha) = \beta$.

Demonstração. Queremos definir $j : K(\alpha) \longrightarrow K(\beta)$ tal que o seguinte diagrama comute:

$$\begin{array}{ccc} K(\alpha) & \xrightarrow{j} & L(\beta) \\ \uparrow & & \uparrow \\ K & \xrightarrow[i]{} & L \end{array}$$

Considere o isomorfismo $\hat{i} : K[X] \longrightarrow L[X]$. Definindo $\varphi : \dfrac{K[X]}{(m_{\alpha,K}(X))} \longrightarrow \dfrac{K[X]}{(m_{\beta,L}(X))}$ por $\varphi(f(X) + (m_{\alpha,K}(X))) = \hat{i}(f(X)) + (m_{\beta,L}(X))$, segue que φ é isomorfismo, pois $\hat{i}$ é isomorfismo.

Considere, agora, os isomorfismos:

$$\theta_1 : \frac{K[X]}{(m_{\alpha,K}(X))} \longrightarrow K(\alpha)$$
$$p(X) + (m_{\alpha,K}(X)) \mapsto p(\alpha)$$

e

$$\theta_2 : \frac{K[X]}{(m_{\beta,L}(X))} \longrightarrow K(\beta)$$
$$l(X) + (m_{\beta,L}(X)) \mapsto l(\beta)$$

Assim, $j = \theta_2 \circ \varphi \circ \theta_1^{-1} : K(\alpha) \longrightarrow K(\beta)$ é isomorfismo.

Além disso, $j\Big|_K = i$, pois dado $k \in K$, temos:

$$\begin{aligned} j(k) &= \theta_2 \circ \varphi \circ \theta_1^{-1}(k) = \theta_2 \circ \varphi(k + (m_{\alpha,K}(X))) \\ &= \theta_2(i(k) + (m_{\beta,L}(X))) = i(k). \end{aligned}$$

Também, $j(\alpha) = \beta$, pois:

$$\begin{aligned} j(\alpha) &= \theta_2 \circ \varphi \circ \theta_1^{-1}(\alpha) = \theta_2 \circ \varphi(X + (m_{\alpha,K}(X))) \\ &= \theta_2(\hat{i}(X) + (m_{\beta,L}(X))) \\ &= \theta_2(X + (m_{\beta,L}(X))) = \beta \end{aligned}$$

■

9.5 Corpos de decomposição

Definição 9.9 Seja $\Sigma : K$ uma extensão de corpos. Dizemos que Σ é um **corpo de decomposição** de um polinômio $f(X) \in K[X]$, quando:

(a) $f(X)$ se decompõe em um produto de fatores lineares em $\Sigma[X]$;

(b) Σ é a menor extensão de K que decompõe $f(X)$ em fatores lineares. Ou seja, se $K \subset \Sigma' \subset \Sigma$ e Σ' é um corpo que decompõe $f(X)$ em fatores lineares em $\Sigma'[X]$, então $\Sigma = \Sigma'$.

Em outras palavras, Σ é a menor extensão de K que contém todas as raízes de $f(X)$. Por isso, Σ também pode ser chamado de corpo das raízes de $f(X)$.

Proposição 9.13 Considere $f(X)$ um polinômio sobre um corpo K e Σ corpo de decomposição de $f(X)$. Suponha que $i : K \longrightarrow K'$ é um isomorfismo entre corpos e seja Σ' corpo de decomposição de $\hat{i}(f(X)) \in K'[X]$. Então, existe um isomorfismo $j : \Sigma \longrightarrow \Sigma'$ tal que $j\Big|_K = i$.

Demonstração. Construiremos $j : \Sigma \longrightarrow \Sigma'$ isomorfismo usando indução sobre $n = \partial f(X)$.

(i) Se $\partial f(X) = 1$, então $\Sigma = K$ e $\Sigma' = K'$, basta tomar $j = i$.

(ii) Suponha que o resultado vale para polinômios $h(X) \in K[X]$ com $1 < \partial h(X) < \partial f(X) = n$.

(iii) Provemos que vale para $\partial f(X) = n$.
Por hipótese, $f(X) = a \cdot (X - \sigma_1) \cdots (X - \sigma_n)$, com $a \in K$ e $\sigma_i \in \Sigma$, $1 \leq i \leq n$. $m_{\sigma_1,K}(X)$ é fator irredutível de $f(X)$ sobre K, pois $f(\sigma_1) = 0$.

Considere o isomorfismo $\hat{i} : K[X] \longrightarrow K'[X]$. Assim, $\hat{i}(m_{\sigma_1,K}(X))$ é fator irredutível de $\hat{i}(f(X))$ sobre K'. Como $\hat{i}(f(X))$ se decompõe em fatores lineares em Σ', o mesmo ocorre com $\hat{i}(m_{\sigma_1,K}(X))$, ou seja, $\hat{i}(m_{\sigma_1,K}(X)) = b \cdot (X - \alpha_1) \cdots (X - \alpha_r)$, com $b \in K'$ e $\alpha_i \in \Sigma'$, $1 \leq i \leq r$.

Assuma que $\hat{i}(m_{\sigma_1,K}(X))$ é polinômio minimal de α_1 em K' (pois ele é irredutível e podemos "tomá-lo" mônico). Podemos aplicar a Proposição 9.12 para o isomorfismo $i : K \longrightarrow K'$ e as extensões $K(\sigma_1) : K$ e $K'(\alpha_1) : K'$. Desse modo, existe um isomorfismo $j_1 : K(\sigma_1) \longrightarrow K(\alpha_1)$ tal que $j_1\Big|_K = i$ e $j_1(\sigma_1) = \alpha_1$.

Tome $g(X) = \dfrac{f(X)}{X - \sigma_1}$ sobre $K(\sigma_1)$. Então, Σ é corpo de decomposição de $g(X)$ sobre $K(\sigma_1)$ e Σ' é corpo de decomposição de $\hat{j}_1(g(X))$ sobre $K'(\alpha_1)$. Como $\partial g(X) < \partial f(X)$, pela hipótese de indução, existe um isomorfismo $j : \Sigma \longrightarrow \Sigma'$ tal que $j\Big|_{K(\sigma_1)} = j_1$. Como $j_1\Big|_K = i$, segue que $j\Big|_K = i$, como buscávamos.

■

Da Proposição 9.13, segue que as extensões $\Sigma : K$ e $\Sigma' : K'$ são isomorfas.

Corolário 9.14 Considere $f(X)$ um polinômio sobre um corpo K e Σ corpo de decomposição de $f(X)$. Suponha que $i : K \longrightarrow K'$ é um isomorfismo entre corpos e seja Σ' corpo de decomposição de $\hat{i}(f(X)) \in K'[X]$. Então, as extensões $\Sigma : K$ e $\Sigma' : K'$ são isomorfas.

Demonstração. Considerando, da Proposição 9.13, o isomorfismo $j : \Sigma \longrightarrow \Sigma'$ tal que $j\Big|_K = i$, em conjunto com o isomorfismo $i : K \longrightarrow K'$ da hipótese, temos um par de isomorfismos (j, i) satisfazendo a Definição 9.7. ■

Como consequência:

Corolário 9.15 Considere K corpo e $f(X) \in K[X]$. O corpo de decomposição de $f(X)$ sobre K é único, a menos de isomorfismo.

Demonstração. Implicação do Corolário 9.14. ■

9.6 Extensões normais e separáveis

Extensão normal é um conceito importante na teoria de corpos e é frequentemente usado em tópicos como a Teoria de Galois[2], onde a normalidade desempenha um papel fundamental. Extensões normais são um subconjunto das extensões algébricas, onde cada elemento da extensão é uma raiz de algum polinômio em $K[X]$.

Definição 9.10 Diremos que $L : K$ é uma **extensão normal** se todo polinômio irredutível sobre K, que tem uma raiz em L, tem todas as raízes em L.

■ **Exemplo 9.21** $\mathbb{C} : \mathbb{R}$ é uma extensão normal. ■

■ **Exemplo 9.22** $\mathbb{Q}(\sqrt[3]{2}) : \mathbb{Q}$ não é uma extensão normal, pois $\mathbb{Q}(\sqrt[3]{2})$ contém apenas uma das raízes de $X^3 - 2$, que é irredutível sobre $\mathbb{Q}$. ■

[2]Apesar de a Teoria de Galois não ser o foco central deste livro, este capítulo e o próximo trazem muitos elementos em comum com essa teoria.

Existe uma relação íntima, que vamos provar a seguir, entre extensões finitas normais e corpos de decomposição.

Teorema 9.16 Uma extensão de corpos $L : K$ é finita e normal se, e somente se, L é o corpo de decomposição de algum polinômio de $K[X]$.

Demonstração. ($\Longrightarrow$) Suponha $L : K$ normal e finita. Sendo $L : K$ finita, então $L = K(\alpha_1 \ldots, \alpha_s)$, com $\alpha_i \in L$ algébrico sobre K, $1 \leq i \leq s$.

Tome $f(X) = m_{\alpha_1,K}(X) + \ldots + m_{\alpha_s,K}(X)$, cada fator $m_{\alpha_i,K}(X)$ de $f(X)$, $1 \leq i \leq s$, é irredutível sobre K e tem uma raiz em L. Mais ainda, L é o menor corpo que contém K e todas as raízes de $f(X)$.

($\Longleftarrow$) Suponha que L é o corpo de decomposição de um polinômio $g(X) \in K[X]$.

Logo, $L = K(\alpha_1 \ldots, \alpha_r)$, onde $\alpha_1, \ldots, \alpha_r$ são as raízes de $g(X)$. Portanto, $L : K$ é extensão finita.

Para mostrar que $L : K$ é normal, considere um polinômio irredutível qualquer $f(X) \in K[X]$ com uma raiz $\theta_1 \in L$. Provemos que, se houver outra raiz θ_2 de $f(X)$, então $\theta_2 \in L$ (note que $\theta_2 \in M \supset L$, onde M é corpo).

Provemos que $[L(\theta_2) : L] = 1$, assim teremos $\theta_2 \in L$. Pelo Teorema da Torre,

$$\begin{aligned}[L(\theta_1) : L] \cdot [L : K] &= [L(\theta_1) : K] \\ &= [L(\theta_1) : K(\theta_1)] \cdot [K(\theta_1) : K]\end{aligned} \tag{9.1}$$

e

$$\begin{aligned}[L(\theta_2) : L] \cdot [L : K] &= [L(\theta_2) : K] \\ &= [L(\theta_2) : K(\theta_2)] \cdot [K(\theta_2) : K]\end{aligned} \tag{9.2}$$

Pelas Proposições 9.12 e 9.13, temos

$$[K(\theta_1):K] = [K(\theta_2):K]$$

e

$$[L(\theta_1):K(\theta_1)] = [L(\theta_2):K(\theta_2)].$$

Das Equações (9.1) e (9.2), então:

$$[L(\theta_1):K] = [L(\theta_2):K] \Longrightarrow [L(\theta_1):L] = [L(\theta_2):L].$$

Como $\theta_1 \in L$, segue que $1 = [L(\theta_1):L] = [L(\theta_2):L]$ e, portanto, $\theta_2 \in L$. ■

▪ **Exemplo 9.23** $\mathbb{Q}(i):\mathbb{Q}$ é normal, pois $\mathbb{Q}(i)$ é o corpo de decomposição de $X^2+1 \in \mathbb{Q}[X]$. ▪

▪ **Exemplo 9.24** Apesar de $\mathbb{C}:\mathbb{Q}$ ser normal, não podemos justificar isso usando o Teorema 9.16, uma vez que $\mathbb{C}:\mathbb{Q}$ não é finita. ▪

Corolário 9.17 Toda extensão de corpos com grau 2 é normal.

Demonstração. Considere $L:K$ tal que $[L:K]=2$ e seja $\alpha \in L$ algébrico sobre K.

Como $[L:K]=2$, pela Proposição 9.8, $\partial m_{\alpha,K}(X)=2$. Sendo assim, $m_{\alpha,K}(X) = (X-\alpha)\cdot g(X)$, onde $g(X) \in L[X]$ com $\partial g(X) = 1$. Portanto, $m_{\alpha,K}(X)$ se decompõe em fatores lineares em $L[X]$. Note que L é corpo de decomposição de $m_{\alpha,K}(X)$ e, pelo Teorema 9.16, $L:K$ é normal. ■

Uma extensão de corpos $L:K$ é considerada separável quando, para qualquer elemento no corpo L, algébrico sobre K, o seu polinômio minimal possui todas as suas raízes distintas no corpo de decomposição.

Definição 9.11 (a) Um **polinômio separável** sobre um corpo K, é um polinômio que não admite raízes múltiplas em seu corpo de decomposição;

(b) Seja $L : K$ uma extensão de corpos e $\alpha \in L$ algébrico sobre K. Dizemos que α é um **elemento separável** se $m_{\alpha,K}(X)$ é separável;

(c) Uma extensão algébrica $L : K$ é chamada de **extensão separável** se todo elemento de L é separável sobre K.

Para demonstrar o próximo teorema, introduziremos o conceito de derivada formal de um polinômio sobre um corpo.

Definição 9.12 Considere K um corpo e $f(X) = a_0 + a_1 \cdot X + \ldots + a_n \cdot X^n \in K[X]$ um polinômio. Definimos a **derivada formal** de $f(X)$ como

$$f'(X) = a_1 + 2 \cdot a_2 \cdot X + \ldots + n \cdot a_n \cdot X^{n-1} \in K[X].$$

Dados $f(X), g(X) \in K[X]$ e $\lambda \in K$, o leitor não encontrará dificuldades em provar que:

(a) $(f(X) + g(X))' = f'(X) + g'(X)$;
(b) $(f(X) \cdot g(X))' = f'(X) \cdot g(X) + f(X) \cdot g'(X)$;
(c) $(\lambda \cdot f(X))' = \lambda \cdot f'(X)$.

Vale ressaltar que, derivada formal de um polinômio, na álgebra, é uma operação que se baseia nas regras de derivação do cálculo, mas é realizada de forma puramente algébrica, sem a necessidade de considerar limites.

Lema 9.18 Considere K um corpo, $f(X) \in K[X]$ e Σ corpo de decomposição de $f(X)$. Então $\alpha \in \Sigma$ não é raiz múltipla de $f(X)$ se, e somente se, $f(\alpha) = 0$ e $f'(\alpha) \neq 0$.

Demonstração. ($\Longrightarrow$) Se $\alpha \in \Sigma$ não é uma raiz múltipla de $f(X)$, então $f(X) = (X - \alpha) \cdot g(\alpha)$, com $g(\alpha) \neq 0$. Então,

$$\begin{aligned} f'(X) &= 1 \cdot g(X) + (X - \alpha) \cdot g'(X) \\ &= (X - \alpha) \cdot g'(X) + g(X). \end{aligned}$$

Assim:

$$g(X) = f'(X) - (X - \alpha) \cdot g'(X) \implies g(\alpha) = f'(\alpha).$$

Como $g(\alpha) \neq 0$, segue que $f'(\alpha) \neq 0$.

($\Longleftarrow$) Por hipótese, $f(\alpha) = 0$ e $f'(\alpha) \neq 0$. Suponha que $f(X) = (X - \alpha)^2 \cdot h(X)$ (α é raiz múltipla). Então:

$$\begin{aligned} & f'(X) = (X - \alpha)^2 \cdot h'(X) + 2 \cdot (X - \alpha) \cdot h(X) \\ & \implies f'(\alpha) = 0. \end{aligned}$$

Contradição! Logo, α não é raiz múltipla de $f(X)$.

■

Teorema 9.19 Seja K um corpo com característica zero. Todo polinômio irredutível em $K[X]$ é separável sobre K.

Demonstração. Suponha que $f(X) \in K[X]$ é irredutível mas não é separável. Então, pelo Lema 9.18, existe uma raiz α de $f(X)$ tal que $f(\alpha) = f'(\alpha) = 0$. Ou seja, $f(X)$ e $f'(X)$ possuem um fator comum com grau maior ou igual a 1.

Como $f(X)$ é irredutível sobre K, o único fator de $f(X)$ é ele próprio. Perceba que $f(X)$ só será fator de $f'(X)$ se $f'(X) = 0$.

Sendo $f(X) = a_0 + a_1 \cdot X + a_2 \cdot X^2 + \cdot + a_n \cdot X^n$, temos que $f'(X) = a_1 + 2 \cdot a_2 \cdot X + \ldots + n \cdot a_n \cdot X^{n-1}$. Para $f'(X) = 0$, temos que $j \cdot a_j = 0$, $\forall j \in \{1, \ldots, n\}$. Como K possui característica zero, segue que $a_j = 0$, $\forall j \in \{1, \ldots, n\}$. Então, $f(X) = a_0$, ou seja, $f(X)$ é polinômio constante. Absurdo, pois vimos que $f(X)$ precisa ter um fator de grau maior ou igual à 1 em comum com $f'(X)$.

Logo, $f(X)$ é separável. ■

■ **Exemplo 9.25** Observe que qualquer polinômio irredutível sobre $\mathbb{Q}$, $\mathbb{R}$ e $\mathbb{C}$ é separável, uma vez que todos esses corpos possuem característica zero. ■

9.7 Exercícios

1. Descreva os subcorpos de $\mathbb{C}$ da forma:
   a) $\mathbb{Q}(\sqrt{3})$.
   b) $\mathbb{Q}(i)$.
   c) $\mathbb{Q}(\sqrt{5}, \sqrt{7})$.
   d) $\mathbb{Q}(i\sqrt{11})$.

2. Prove que $\mathbb{Q}(3+i) = \mathbb{Q}(1-i)$.
3. Prove que se K é extensão simples de um corpo enumerável, então K é enumerável. Conclua que $\mathbb{R}$ não é uma extensão simples de $\mathbb{Q}$.
4. Mostre que se uma extensão $L : K$ é algébrica, então todo anel entre K e L é um corpo.
5. Demonstre que $\sqrt{i-\sqrt{2}} \in \mathbb{C}$ é algébrico sobre $\mathbb{Q}$.
6. Determine $[\mathbb{Q}(\alpha,\beta) : \mathbb{Q}]$, onde $\alpha^3+\alpha+1=0$ e $\beta^2+\beta-3=0$. Podemos concluir que $\alpha+\beta$ e $\alpha\beta$ são algébricos sobre $\mathbb{Q}$?
7. Considere uma extensão de corpos $L : K$. Mostre que $[L : K] = 1$ se, e somente se, $L = K$.
8. Amplie o Teorema da Torre para um número finito de extensões finitas via indução.
9. Determine o polinômio minimal de $\sqrt[3]{2}$ sobre $\mathbb{Q}$.
10. Considere uma extensão de corpos $L : K$ onde $\alpha \in L$ é algébrico sobre K. Se $\partial m_{\alpha,K}(X)$ é ímpar, prove que $K(\alpha^2) = K(\alpha)$.
11. Dado $i : K \longrightarrow L$ um monomorfismo de corpos, defina $\hat{i} : K[X] \longrightarrow L[X]$ como $\hat{i}(a_0+a_1\cdot X+\ldots+a_n\cdot X^n) = i(a_0)+i(a_1)\cdot X+\ldots+ i(a_n)\cdot X^n$. Prove que se i é isomorfismo, $\hat{i}$ também é isomorfismo.
12. Verifique que os polinômios X^2-3 e $X^2-2\cdot X-2$ em $\mathbb{Q}[X]$ possuem o mesmo corpo de decomposição.
13. Seja K um corpo. No contexto das derivadas formais, dados $f(X), g(X) \in K[X]$ e $\lambda \in K$, demonstre:

    a) $(f(X)+g(X))' = f'(X)+g'(X)$;
    b) $(f(X)\cdot g(X))' = f'(X)\cdot g(X)+f(X)\cdot g'(X)$.
    c) $(\lambda\cdot f(X))' = \lambda\cdot f'(X)$.

14. Considere $L : K$ uma extensão algébrica. Mostre que se $c(K) = 0$, então $L : K$ é separável.
15. Considere $L : K$ uma extensão com $[L : K] = n$ e $c(K) = p$, onde p é um número primo. Mostre que se $mdc(p,n) = 1$, então $L : K$ é separável.
16. Dada uma extensão $L : K$ e F um corpo intermediário onde $L \supset F \supset K$, prove que:
    a) Se $L : K$ é separável, então $L : F$ e $F : K$ são separáveis.
    b) Se $L : K$ é normal, então $L : F$ é normal.

10. Corpos com característica prima

Vamos relembrar a Proposição 6.15, que estabelece que, em um domínio de integridade A, a característica $c(A)$ é necessariamente igual a zero ou a um número primo p. Dado que todo corpo é, por definição, um domínio de integridade, podemos concluir que, se K for um corpo, então sua característica $c(K)$ deve ser igual a zero ou a um número primo p. Neste capítulo, veremos implicações interessantes para o caso em que a característica de um corpo é prima.

0.1 Corpos finitos

Esta é uma seção na qual faremos alguns estudos básicos sobre corpos finitos. Para começar, relembramos que o anel dos inteiros $\mathbb{Z}$ tem característica zero. Além disso, os corpos $\mathbb{Q}$, $\mathbb{R}$ e $\mathbb{C}$ têm característica zero. Vale a pena destacar que quando p é um número primo, o conjunto quociente $\dfrac{\mathbb{Z}}{p\mathbb{Z}}$ forma um corpo finito com característica p. Nesse contexto, exploraremos os corpos finitos e algumas propriedades essenciais.

O primeiro resultado que discutiremos neste capítulo é que, se K for um corpo finito, $c(K) = 0$ é impossível de ocorrer.

Proposição 10.1 Seja K um corpo finito. Então, $c(K) = p$, onde p é um número primo.

Demonstração. Sabemos que $c(K) \in \{0, p\}$, onde p é primo. Provemos que $c(K) \neq 0$.

Suponha que $c(K) = 0$, então $\rho : \mathbb{Z} \longrightarrow \mathbb{K}$, dada por $\rho(n) = n \cdot 1_K$, é injetiva, pois $Ker(\rho) = \{0\}$. Absurdo, pois, sendo K finito, não é possível uma aplicação entre $\mathbb{Z}$ (infinito) e $\mathbb{K}$ (finito) ser injetiva.

Portanto, $c(K) \neq 0$ e $c(K) = p$, onde p é primo. ■

A aplicação que usamos na demonstração do teorema anterior merece ser destacada. Dado A um anel comutativo com unidade, $\rho : \mathbb{Z} \longrightarrow A$, onde $\rho(n) = n \cdot 1_A$ é chamada de **homomorfismo característico**. Notavelmente, esta aplicação é o único homomorfismo possível entre o anel dos inteiros $\mathbb{Z}$ e o anel A. Quando calculamos o núcleo dessa aplicação, descobrimos que existe um único número inteiro não negativo m tal que $Ker(\rho) = (m) = m\mathbb{Z} = c(A)$. Isso significa que a característica do anel A é o inteiro m. O leitor pode facilmente verificar essa afirmação. Note que se $m = c(A) \neq 0$, então m é o menor inteiro positivo tal que $m \cdot a = 0$, para todo $a \in A$.

Sendo assim, quando K é um corpo finito, considerando o homomorfismo característico entre $\mathbb{Z}$ e K, temos

$Ker(\rho) = p\mathbb{Z}$, com p primo. Pelo 1º Teorema do Isomorfismo para anéis, podemos afirmar que $\dfrac{\mathbb{Z}}{p\mathbb{Z}} \simeq \rho(\mathbb{Z}) \subset K$, onde $\rho(\mathbb{Z})$ denota a imagem da aplicação ρ. Observe, então, que K possui um subcorpo $\rho(\mathbb{Z})$ isomorfo a $\dfrac{\mathbb{Z}}{p\mathbb{Z}}$.

Definição 10.1 Dado K um corpo finito e ρ o homomorfismo característico entre $\mathbb{Z}$ e K, considerando $Ker(\rho) = p\mathbb{Z}$, com p primo, denotaremos o subcorpo $\rho(\mathbb{Z})$ de K por $\mathbb{F}_p = \rho(\mathbb{Z})$. Diremos que $\mathbb{F}_p$ é o **corpo primo** de K com p elementos.

De acordo com a definição anterior, faz sentido dizer que $K : \mathbb{F}_p$ é uma extensão de corpos.

Proposição 10.2 Considere K um corpo finito com $c(K) = p$, onde p é primo, e $\mathbb{F}_p$ o corpo primo de K. Então, $|K| = p^{[K:\mathbb{F}_p]}$.

Demonstração. Denote $n = [K : \mathbb{F}_p] = dim_{\mathbb{F}_p} K$, observe que sendo K finito, $dim_{\mathbb{F}_p} K$ também é finita. Seja $\{v_1, \ldots, v_n\}$ uma base de K sobre $\mathbb{F}_p$. Considere $\varphi : \mathbb{F}_p^n \longrightarrow K$, dada por $\varphi(a_1, \ldots, a_n) = a_1 \cdot v_1 + \ldots a_n \cdot v_n$, que é um isomorfismo de $\mathbb{F}_p$-espaços vetoriais. Logo, $|\mathbb{F}_p^n| = |K|$. Assim, $|K| = |\mathbb{F}_p^n| = |\mathbb{F}_p|^n = p^n = p^{[K:\mathbb{F}_p]}$. ■

A Proposição 10.2 mostra, particularmente, que a cardinalidade de um corpo finito é sempre uma potência de um número primo. Além disso, o expoente é bem definido.

Lema 10.3 Seja $(K, +, \cdot)$ um corpo finito. Então $(K^*, \cdot)$ é um grupo cíclico, onde $K^* = K - \{0\}$.

Demonstração. Como K é finito, então K^* também é finito. Assim, em relação a soma de K, $\mathscr{O}(t)$ é finita para todo $t \in K^*$. Denote $m = max\{\mathscr{O}(t) \mid t \in K^*\} \subset \mathbb{N}$. Note que existe $y \in K^*$ tal que $\mathscr{O}(y) = |<y>| = m$. Pelo Teorema de Lagrange, $|<y>| \mid |K^*|$, isto é, $m \mid |K^*|$, o que implica $m \leq |K^*|$.

Por outro lado, o grupo $(K^*, +)$ é abeliano, uma vez que K é corpo. Sendo assim, $\mathscr{O}(t) \mid m$, para todo $t \in K^*$. Portanto, $t^m = 1$, para todo $t \in K^*$. Ou seja, todo $t \in K^*$ é raiz do polinômio $X^m - 1 \in K[X]$. Então,
$K^* \subset \{\text{raízes de } X^m - 1 \in K[X]\}$. Portanto, $|K^*| \leq m$.

Como $m \leq |K^*|$ e $|K^*| \geq m$, temos que $|K^*| = m$, ou seja, $|K^*| = |<y>|$, onde $y \in K^*$. Como $<y>$ é subgrupo de K^*, que é finito, então $K^* =<y>$ e, portanto, K^* é grupo cíclico com multiplicação de K. ■

De forma semelhante ao Lema 10.3, se prova que se $(K, +, \cdot)$ é um corpo e G é um subgrupo finito de $(K, \cdot)$, então G é cíclico.

Proposição 10.4 Seja K um corpo finito com cardinalidade $q = p^n$, onde p é primo. Então, K é corpo de decomposição do polinômio $X^q - X \in \mathbb{F}_p[X]$.

Demonstração. Da Proposição 10.2, temos $n = [K : \mathbb{F}_p]$. Como $K^* = K - \{0\}$ é grupo cíclico multiplicativo e $|K^*| = q - 1$, então $a^{q-1} = 1$, $\forall a \in K^*$. Assim:

$$a^{q-1} - 1 = 0 \implies a^q - a = 0, \ \forall a \in K.$$

Todo elemento $a \in K$ é raiz do polinômio $X^q - X \in \mathbb{F}_p[X]$. Então, $K = \{a \in K \mid a^q - a = 0\}$. Portanto,

$(X-a) \mid (X^q - X)$, para todo $a \in K$, e como $|K| = q$, então $X^q - X = \prod_{a \in K}(X-a)$.

Portanto, K é corpo de decomposição de $X^q - X \in \mathbb{F}_p[X]$. ■

Como consequência, segue que $K : \mathbb{F}_p$ é normal e separável.

Corolário 10.5 Seja K um corpo finito com cardinalidade $q = p^n$, onde p é primo. Então, a extensão $K : \mathbb{F}_p$ é normal e separável[1].

Demonstração. (i) $K : \mathbb{F}_p$ é normal.
Uma vez que $K : \mathbb{F}_p$ é finita, da Proposição 10.4 e do Teorema 9.16, segue que $K : \mathbb{F}_p$ é normal.

(ii) $K : \mathbb{F}_p$ é separável.
Denote $f(X) = X^q - X \in \mathbb{F}_q[X]$. Perceba que $|\mathbb{F}_p| = |\mathbb{F}_p[X]| = p$. Logo, $f'(X) = q \cdot X^{q-1} - 1 = 0 - 1 = -1$. Então, do Lema 9.18, $f(X) \in \mathbb{F}_p[X]$ não possui raízes múltiplas.
Perceba que $0 \in K$ é tal que $f(0) = 0^q - 0 = 0$.
Também, se $a \in K^*$, como $|K^*| = q - 1$, segue que:

$$\begin{aligned} a^{q-1} = 1 &\implies a^q = a \implies a^q - a = 0 \\ &\implies f(a) = 0. \end{aligned}$$

Assim, todo elemento de K é raiz de $f(X) \in \mathbb{F}_p[X]$, que é separável. Portanto, todo elemento de K é separável sobre $\mathbb{F}_p$. Isto implica que $K : \mathbb{F}_p$ é separável.

[1]Após a leitura da seção 10.3, o leitor poderá dizer que a extensão $K : \mathbb{F}_p$ é galoisiana.

■

Agora provaremos um teorema que garante que, a menos de isomorfismo, existe apenas um corpo finito com p^n elementos, onde p é primo e $n \in \mathbb{N}$.

Para tanto, precisaremos do seguinte lema:

Lema 10.6 Seja K um corpo com $c(K) = p$, onde p é primo. Então, dados $a, b \in K$ e $n \in \mathbb{N}$:
(a) $(a+b)^{p^n} = a^{p^n} + b^{p^n}$;
(b) $(a-b)^{p^n} = a^{p^n} - b^{p^n}$.

Demonstração. (a) Faremos por indução sobre n.

(i) Para $n = 1$,

$$(a+b)^p = \binom{p}{0} a^p \cdot b^0 + \binom{p}{1} a^{p-1} \cdot b^1 + \dots$$
$$+ \binom{p}{p-1} a^1 \cdot b^{p-1} + \binom{p}{p} a^0 \cdot b^p$$
$$= a^p + \binom{p}{1} a^{p-1} \cdot b + \dots$$
$$+ \binom{p}{p-1} a \cdot b^{p-1} + b^p.$$

Note que $p \mid \binom{p}{i}$, para todo $i \in \{1, \dots, p-1\}$, ou seja, $\binom{p}{i} = p \cdot m$, para algum $m \in \mathbb{Z}$. Segue que $\binom{p}{i} = p \cdot m = 0$, pela cardinalidade de K. Portanto, $(a+b)^p = a^p + b^p$.

(ii) Suponha que $(a+b)^{p^{n-1}} = a^{p^{n-1}} + b^{p^{n-1}}$.

(iii) Então,

$$\begin{aligned}(a+b)^{p^n} &= ((a+b)^{p^{n-1}})^p \\ &= (a^{p^{n-1}}+b^{p^{n-1}})^p \\ &= (a^{p^{n-1}})^p+(b^{p^{n-1}})^p \\ &= a^{p^n}+b^{p^n}.\end{aligned}$$

(b) Basta repetir o mesmo raciocínio para $(a+(-b))^{p^n}$.

■

Teorema 10.7 — **Existência e Unicidade de Corpos Finitos.** Sejam p um número primo e $n \in \mathbb{N}$. Então:

(a) Existe um corpo finito com p^n elementos;

(b) Todos os corpos finitos com p^n elementos são isomorfos.

Demonstração. (a) Denote $q = p^n$. Considere $f(X) = X^q - X \in \mathbb{F}_p[X]$ e seja Σ o seu corpo de decomposição. Como $f'(X) = -1$, o polinômio $f(X)$ possui q raízes distintas em Σ. Denote

$$S = \{a \in \Sigma \mid a^q - a = 0\}.$$

Perceba que:

(i) $0 \in S$ e $1 \in S$.

(ii) Dados $a, b \in S$, então $a^q = a$ e $b^q = b$. Pelo Lema 10.6, segue que $(a-b)^q = a^q - b^q = a - b$. Logo, $a - b \in S$.

(iii) Dados $a, b \in S$, então $a^q = a$ e $b^q = b$. Assim, $(a \cdot b^{-1})^q = a^q \cdot (b^q)^{-1} = a \cdot b^{-1}$. Portanto, $a \cdot b^{-1} \in S$.

Concluímos que S é subcorpo de Σ. Como S é formado pelas q raízes distintas de $f(X)$, segue que S é um corpo tal que $|S| = q = p^n$.

(b) Note que Σ é o corpo de decomposição de $f(X)$ e todos os elementos de Σ estão em S. Logo, $\Sigma = S$ e $|\Sigma| = |S| = p^n$.

Como o corpo de decomposição de um polinômio é único, a menos de isomorfismo, segue o resultado.

■

Proposição 10.8 Sejam p um número primo e n um natural. Denote $q = p^n$ e considere o corpo finito $\mathbb{F}_q = \mathbb{F}_{p^n}$. Então:

(a) Todo subcorpo de $\mathbb{F}_q$ possui p^d elementos, onde d é um divisor positivo de n;

(b) Se d é um divisor positivo de n, há exatamente um subcorpo de $\mathbb{F}_q$ com p^d elementos.

Demonstração. (a) Note que $|\mathbb{F}_q| = q$ e $[\mathbb{F}_q : \mathbb{F}_p] = n$. Considere F um corpo intermediário tal que $\mathbb{F}_q \supset F \supset \mathbb{F}_p$. Seja $d = [F : \mathbb{F}_p]$. Note que $|F| = d$. Pelo Teorema da Torre, $[\mathbb{F}_q : \mathbb{F}_p] = [\mathbb{F}_q : F] \cdot [F : \mathbb{F}_p]$, ou seja, $n = [\mathbb{F}_q : F] \cdot d$.

Portanto, $d \mid n$ e $d > 0$.

(b) Considere $S = \{a \in \mathbb{F}_q \mid a^{p^d} - a = 0\} \subset \mathbb{F}_q$. Veja que S é corpo de decomposição do polinômio $X^{p^d} - X \in \mathbb{F}_q[X]$ e é subcorpo de $\mathbb{F}_q$ (a verificação de tal afirmação é muito semelhante à que fizemos na demonstração do Teorema 10.7, o leitor pode formalizar como exercício).

Como $d \mid n$, temos:

$$\begin{aligned} d \mid n &\Longrightarrow (p^d - 1) \mid (p^n - 1) \\ &\Longrightarrow (X^{p^d - 1} - 1) \mid (X^{p^n - 1} - 1) \\ &\Longrightarrow (X^{p^d} - X) \mid (X^{p^n} - X) \\ &\Longrightarrow (X^{p^d} - X) \mid (X^{p^n} - X) \text{ em } \mathbb{F}_q[X]. \end{aligned}$$

Sabemos que $X^q - X$ possui q raízes distintas em $\mathbb{F}_q$, então $X^{p^d} - X$ possui p^d raízes distintas em $\mathbb{F}_q$. Como S é formado por todas as raízes em $\mathbb{F}_q$ de $X^{p^d} - X \in \mathbb{F}_q[X]$, então $|S| = p^d$. Portanto, existe um subcorpo de $\mathbb{F}_q$ com p^d elementos.
A unicidade é consequência de S ser corpo de decomposição de $X^{p^d} - X \in \mathbb{F}_q[X]$.

■

O seguinte exemplo exibe algumas aplicações.

■ **Exemplo 10.1** Dado p primo, os diagramas a seguir mostram os subcorpos de $\mathbb{F}_{p^8}$, $\mathbb{F}_{p^{12}}$ e $\mathbb{F}_{p^{30}}$.

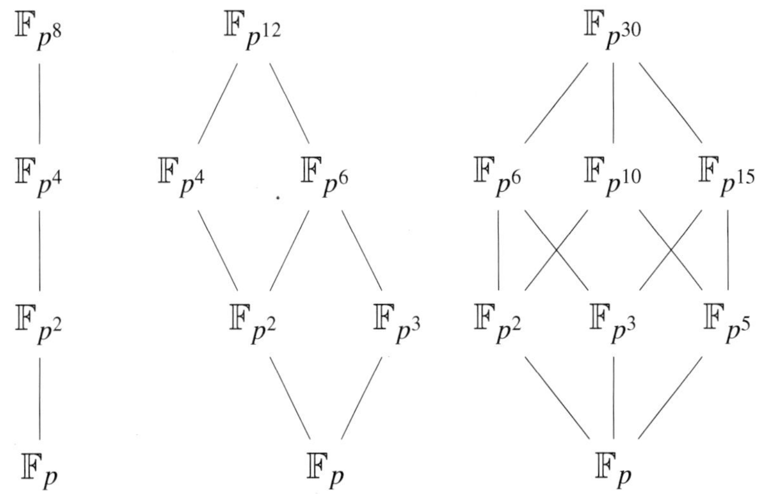

■

10.2 Raízes $n-$ésimas da unidade

Observamos que, de forma persistente, polinômios com a forma $X^p - 1$, ou $X^{p^n} - 1$, têm aparecido até o momento. Por este motivo, vamos nos aprofundar no estudo das raízes do polinômio $X^n - 1 \in K[X]$, onde K é um corpo e $n \in \mathbb{N}$.

Definição 10.2 Seja K um corpo. Dizemos que $\zeta \in K$ é uma **raiz da unidade** se $\zeta^n = 1$, para algum $n \in \mathbb{N}$. Neste caso, dizemos que ζ é uma **raiz $n-$ésima** da unidade.

Proposição 10.9 Considere K um corpo.

(a) $\mu_K = \{\zeta \in K \mid \zeta$ é raiz da unidade$\}$ é subgrupo multiplicativo de K^*;

(b) Para cada $n \in \mathbb{N}$, $\mu_K(n) = \{\zeta \in K \mid \zeta^n = 1\}$ é subgrupo cíclico de μ_K.

Demonstração. (a) $1 \in \mu_K$. Além disso, sejam $\zeta_1, \zeta_2 \in \mu_K$. Então, $\zeta_1^{n_1} = 1$ e $\zeta_2^{n_2} = 1$, para $n_1, n_2 \in \mathbb{N}$. Assim, $(\zeta_1 \cdot \zeta_2^{-1})^{n_1 \cdot n_2} = 1$. Logo, $\zeta_1 \cdot \zeta_2^{-1} \in \mu_K$ e, portanto, μ_K é subgrupo de K^*.

(b) $1 \in \mu_K(n)$. Além disso, sejam $\zeta_1, \zeta_2 \in \mu_K(n)$. Então, $\zeta_1^n = \zeta_2^n = 1$. Assim, $(\zeta_1 \cdot \zeta_2^{-1})^n = 1$. Logo, $\zeta_1 \cdot \zeta_2^{-1} \in \mu_K(n)$ e, portanto, $\mu_K(n)$ é subgrupo de μ_K. Também, $\mu_K(n)$ é subgrupo finito de K^*, onde K é corpo, portanto, pelo Exercício 1 deste capítulo, $\mu_K(n)$ é cíclico.

■

Definição 10.3 Considere K um corpo e $n \in \mathbb{N}$. Dizemos que $\zeta \in \mu_K(n)$ é uma **raiz primitiva** $n-$**ésima da unidade** se $\mu_K(n) = <\zeta> = \{\zeta^t \mid t \in \mathbb{Z}\}$.

Proposição 10.10 Se K é um corpo com característica p, onde p é um número primo, então $\mu_K(p^m) = \{1\}$.

Demonstração. Seja $\alpha \in \mu_K(p^m)$. Então, $\alpha^{p^m} = 1$. Desse modo,

$$(\alpha - 1)^{p^m} \stackrel{\text{Lema 10.6}}{=} \alpha^{p^m} - 1^{p^m} = 1 - 1 = 0,$$

o que implica $\alpha = 1$.

Portanto, $\mu_K(p^m) = \{1\}$. ■

Proposição 10.11 Sejam K corpo e $m, n \in \mathbb{N}$.

(a) Se $m \mid n$, então $\mu_K(m) \subset \mu_K(n)$;

(b) Se $mdc(m,n) = 1$, então $\mu_K(m) \cap \mu_K(n) = \{1\}$.

Demonstração. (a) Se $m \mid n$, existe $r \in \mathbb{N}$ tal que $n = m \cdot r$. Logo,

$$\begin{aligned}
\zeta \in \mu_K(m) &\Longrightarrow \zeta \in K \text{ e } \zeta^m = 1 \\
&\Longrightarrow \zeta \in K \text{ e } (\zeta^m)^r = 1 \\
&\Longrightarrow \zeta \in K \text{ e } \zeta^n = 1 \\
&\Longrightarrow \zeta \in \mu_K(n).
\end{aligned}$$

(b) Se $\zeta \in \mu_K(m) \cap \mu_K(n)$, então $\zeta^m = 1$ e $\zeta^n = 1$. Assim, $\mathcal{O}(\zeta) \mid m$ e $\mathcal{O}(\zeta) \mid n$. Como $mdc(m,n) = 1$, $\mathcal{O}(\zeta) = 1$. Então, $\zeta = 1$ e, portanto, $\mu_K(m) \cap \mu_K(n) = \{1\}$.

■

10.3 O Teorema Fundamental de Galois

Agora que temos elementos suficientes, apresentaremos os conceitos de Grupos de Galois e extensões galoisianas. Seja $L : K$ uma extensão de corpos. Sabemos que $Aut(L) = \{\sigma : L \longrightarrow L \mid \sigma \text{ é automorfismo}\}$ é um grupo com a operação composição. Com facilidade, como exercício, o leitor pode conferir que o conjunto $\{\sigma \in Aut(L) \mid \sigma(a) = a,\ \forall a \in K\}$ é um subgrupo de $Aut(L)$.

Definição 10.4 Definimos o **Grupo de Galois** de uma extensão de corpos $L : K$ como $Gal(L : K) = \{\sigma \in Aut(L) \mid \sigma(a) = a,\ \forall a \in K\}$.

Definição 10.5 Dizemos que $L : K$ é uma **extensão galoisiana** quando é simultaneamente normal e separável.

Encerrando este capítulo, estamos prestes a adentrar em um tópico de extrema importância na Teoria de Corpos e Álgebra Moderna: o Teorema Fundamental de Galois. Este teorema é uma das pedras fundamentais da Teoria de Galois, um ramo da matemática que mergulha profundamente nas propriedades das extensões de corpos e revela conexões surpreendentes entre as raízes de polinômios e a estrutura dos grupos. No entanto, gostaríamos de esclarecer que a demonstração desse teorema foge ao escopo deste livro, que se concentra em tópicos gerais elementares da álgebra. Portanto, apresentaremos o enunciado do Teorema Fundamental de Galois e recomendamos aos interessados em aprofundar seu estudo a buscar obras dedicadas à Teoria de Galois, que encontrarão nas referências bibliográficas no final deste livro.

Teorema 10.12 — Fundamental de Galois. Sejam $L:K$ uma extensão galoisiana e F um corpo intermediário onde $L \supset F \supset K$. Então:

(a) A extensão $F:K$ é normal se, e somente se, $Gal(L:F) \lhd Gal(L:K)$;

(b) $\dfrac{Gal(L:K)}{Gal(L:F)} \simeq Gal(F:K)$.

Definição 10.6 Seja $L:K$ uma extensão de corpos.

(a) Dizemos que $L:K$ é uma **extensão abeliana** se é galoisiana e $Gal(L:K)$ é abeliano;

(b) Dizemos que $L:K$ é uma **extensão cíclica** se é galoisiana e $Gal(L:K)$ é cíclico.

Vale ressaltar que toda extensão cíclica é abeliana.

Proposição 10.13 Se $L:K$ é uma extensão galoisiana finita e $[L:K]$ é um número primo, então $L:K$ é uma extensão cíclica.

Demonstração. Seja $[L:K]=p$, onde p é primo. Como $L:K$ é galoisiana finita, $|Gal(L:K)|=[L:K]=p$. Então, pelo Corolário 2.18, $Gal(L:K)$ é cíclico. Assim, $L:K$ é cíclica. ■

Reiteramos mais uma vez que nosso objetivo neste livro não é aprofundar nos detalhes da Teoria de Galois. Para uma compreensão mais profunda e completa desse tópico, recomendamos consultar as obras listadas nas referências bibliográficas. Mas, nesse contexto, é possível provar que sendo K um corpo, $n \in \mathbb{N}$ com $c(K) \nmid n$ e $\zeta \in \overline{K}$ (fecho de K) uma raiz $n-$ésima da unidade, existe um monomorfismo de grupos $\Psi : Gal(K(\zeta) : K) \longrightarrow \left(\frac{\mathbb{Z}}{n\mathbb{Z}}\right)^{\times}$, onde $\left(\frac{\mathbb{Z}}{n\mathbb{Z}}\right)^{\times}$ indica o grupo dos elementos invertíveis de $\frac{\mathbb{Z}}{n\mathbb{Z}}$, tal que para todo $\sigma \in Gal(K(\zeta) : K), i \in \mathbb{Z}$, tais que $\sigma(\zeta) = \zeta^i$ tem-se $\Psi(\sigma) = i + n\mathbb{Z}$. Com isso, podemos construir o seguinte resultado:

Proposição 10.14 Sejam K um corpo, p um número primo com $c(K) \neq p$ e $\zeta \in \overline{K}$ uma raiz $p-$ésima primitiva da unidade. Então, $Gal(K(\zeta) : K)$ é um grupo cíclico.

Demonstração. Existe um monomorfismo

$$\Psi : Gal(K(\zeta) : K) \longrightarrow \left(\frac{\mathbb{Z}}{p\mathbb{Z}}\right)^{\times} = \left(\frac{\mathbb{Z}}{p\mathbb{Z}}\right)^{*}.$$

Assim, $Gal(K(\zeta) : K) \simeq \Psi(Gal(K(\zeta) : K))$. Como $\frac{\mathbb{Z}}{p\mathbb{Z}}$ é corpo finito, então, pelo Lema 10.3, $\left(\frac{\mathbb{Z}}{p\mathbb{Z}}\right)^{*}$ é cíclico. $\Psi(Gal(K(\zeta) : K))$ é subgrupo de $\left(\frac{\mathbb{Z}}{p\mathbb{Z}}\right)^{*}$, o que faz $\Psi(Gal(K(\zeta) : K))$ grupo cíclico, consequentemente, $Gal(K(\zeta) : K)$ também. ■

Corolário 10.15 Sejam K um corpo, p um número primo com $c(K) \neq p$ e $\zeta \in \overline{K}$ uma raiz $p-$ésima primitiva da unidade. Então, $K(\zeta) : K$ é uma extensão cíclica.

Demonstração. Da Proposição 10.14, a Definição 10.6 fica satisfeita. ■

Por fim, o último teorema do nosso livro.

Teorema 10.16 Se $L : K$ é uma extensão de corpos cíclica e F é um corpo intermediário onde $L \supset F \supset K$, então $L : F$ e $F : K$ são extensões cíclicas.

Demonstração. Por hipótese $L : K$ é normal e separável. Logo, $L : F$ e $F : K$ são separáveis e $L : F$ é normal.

Analisemos primeiro a extensão $L : F$. Note que ela é galoisiana, pois é normal e separável. Provemos que $L : F$ é cíclica[2].

$$\begin{aligned} L : K \text{ é cíclica} &\Longrightarrow Gal(L : K) \text{ é cíclico} \\ &\Longrightarrow Gal(L : F) \text{ é cíclico} \\ &\Longrightarrow L : F \text{ é cíclica.} \end{aligned}$$

Agora, analisemos $F : K$. Para $F : K$ ser galoisiana, falta provar que $F : K$ é extensão normal. Mas, como $L : K$ é cíclica, $L : K$ é abeliano, assim $Gal(L : K)$ é abeliano. Então, todo subgrupo de $Gal(L : K)$ é normal, em particular, $Gal(L : F) \lhd Gal(L : K)$. Pelo Teorema Fundamental de Galois, $F : K$ é extensão normal. Portanto, $F : K$ é galoisiana.

Provemos que $F : K$ é cíclica. Novamente, usando o Teorema Fundamental de Galois, $Gal(F : K) \simeq \dfrac{Gal(L : K)}{Gal(L : F)}$.

$$\begin{aligned} L : K \text{ é cíclica} &\Longrightarrow Gal(L : K) \text{ é cíclico} \\ &\Longrightarrow \frac{Gal(L : K)}{Gal(L : F)} \text{ é cíclico} \\ &\Longrightarrow F : K \text{ é cíclica.} \end{aligned}$$

[2] Note que $Gal(L : F) < Gal(L : K)$.

■

10.4 Exercícios

1. Considere $(K,+,\cdot)$ um corpo e G um subgrupo finito de $(K,\cdot)$. Mostre que G é cíclico.
2. Mostre que se K é um corpo finito, então todo polinômio em $K[X]$ é separável.
3. Sejam p um número primo e n um natural. Denote $q = p^n$ e considere o corpo finito $\mathbb{F}_q = \mathbb{F}_{p^n}$. Escreva $S = \{a \in \mathbb{F}_q \mid a^{p^d} - a = 0\} \subset \mathbb{F}_q$. Prove que S é corpo de decomposição do polinômio $X^{p^d} - X \in \mathbb{F}_q[X]$ e é subcorpo de $\mathbb{F}_q$.
4. Sejam p um número primo e n um natural. Mostre que existe um polinômio $f(X) \in \mathbb{F}_p[X]$ irredutível tal que $\partial f(X) = n$.
5. Sendo p um número primo, esboce os diagramas dos subcorpos de $\mathbb{F}_{p^{10}}$, $\mathbb{F}_{p^{18}}$, $\mathbb{F}_{p^{27}}$ e $\mathbb{F}_{p^{44}}$.
6. Seja $\zeta \in \mathbb{C}$ uma raiz $n-$ésima da unidade. Dado $k \in \mathbb{N}$, mostre que ζ^k é uma raiz primitiva $n-$ésima da unidade se, e somente se, $mdc(n,k) = 1$.
7. Considere $m,n \in \mathbb{N}$ tais que $mdc(m,n) = 1$. Tome ζ_m e ζ_n uma raiz $m-$ésima e outra $n-$ésima da unidade em $\mathbb{C}$. Demonstre que $\zeta_m^k \cdot \zeta_n^l$, onde $0 \leq k \leq m-1$ e $0 \leq l \leq n-1$, é uma raiz primitiva $mn-$ésima da unidade se, e somente se, ζ_m e ζ_n são raízes primitivas $m-$ésima e $n-$ésima da unidade em $\mathbb{C}$.
8. Seja $L : K$ uma extensão de corpos. Mostre que $Gal(L:K) = \{\sigma \in Aut(L) \mid \sigma(a) = a,\ \forall a \in K\}$ é um subgrupo de $Aut(L)$.

9. Mostre que se $L : K$ é uma extensão galoisiana finita, então $|Gal(L : K)| = [L : K]$.
10. Considere K um subcorpo de $\mathbb{C}$ e $\zeta \in \mathbb{C}$ uma raiz primitiva $n-$ésima da unidade. Prove que a extensão $K(\zeta) : K$ é galoisiana e que $Gal(K(\zeta) : K) = \mathbb{Z}_n^*$.

11. Referências Bibliográficas

Este livro não pretende esgotar nenhum dos temas abordados, ao contrário, ele serve como um ponto de partida para que os leitores possam mergulhar em outros tópicos da álgebra. A seguir, apresento as referências consultadas para a elaboração deste material, as quais podem guiá-los em suas jornadas de estudo, proporcionando oportunidades para aprofundar ainda mais seus conhecimentos.

AUGUSTO, C. G. Equações algébricas: soluções e aplicações. Dissertação (mestrado) - Universidade Federal de Viçosa, 2019.

BATISTA, E. Ações de grupo e geometria. V Bienal da Sociedade Brasileira de Matemática: Universidade Federal da Paraíba, 2010.

BEARDON, A. F. Algebra and geometry. Cambridge:

Cambridge University Press, 2005.

COX, A. D. Galois theory. 2nd ed. Hoboken: John Wiley, 2012.

DOMINGUES, H. H.; IEZZI, G. Álgebra moderna. 5. ed. São Paulo: Saraiva, 2018.

EDWARDS, H. M. Galois theory. New York: Springer, 1998.

ESCOFIER, J. P. Galois theory. New York: Springer, 2001.

FRALEIGH, J. B. A first course in abstract algebra. 7th ed. Boston: Addison-Wesley, 2003.

GARCIA, A.; LEQUAIN, Y. Elementos de álgebra. Rio de Janeiro: IMPA, 2013.

CHILDS, L. N. A concrete introduction to higher algebra. 3rd ed. New York: Springer, 2009.

ENDLER, O. Teoria dos corpos. Rio de Janeiro: IMPA, 2012.

GONÇALVES, A. Introdução à álgebra. Rio de Janeiro: IMPA, 2017.

HERSTEIN, I. N. Tópicos de álgebra. São Paulo: EDUSP: Polígono, 1970.

HOWIE, J. M. Fields and Galois theory. London: Springer, 2006.

KAKUTA, N; SALEHYAN, P. Introdução à teoria de Galois. São José do Rio Preto: Cultura acadêmica, 2013.

KAPLANSKY, I. Introdução à teoria de Galois. 2. ed. Rio de Janeiro: IMPA, 1966.

LANG, S. Álgebra para graduação. 2. ed. Rio de Janeiro: Ciência Moderna, 2008.

LEE, G. Abstract algebra: an introductory course. Canada: Springer, 2018.

MARTIN, P. A. Grupos, corpos e teoria de Galois. São Paulo: Editora Livraria da Física, 2010.

MEDEIROS, N. Teoria de Galois. Notas de curso. Universidade Federal Fluminense, 2016.

MEDEIROS, N.; FASSARELLA, T. Teoria dos grupos. Notas de curso. Universidade Federal Fluminense, 2021.

MONTEIRO, L. H. J. Elementos de álgebra. Rio de Janeiro: IMPA, 1969.

MORANDI, P. Field and Galois theory. New York: Springer, 1996.

NOETHER, E. Ideal Theory in Rings (Translation of "Idealtheorie in Ringbereichen" written in 1920 - translated by Daniel Berlyne). arXiv link: https://arxiv.org/abs/1401.2577, 2014.

ROTMAN, J. J. An introduction to the theory of groups. 4th ed. Ner York: Springer, 1995.

SANTOS, J. Congruências modulares, corpos finitos e aplicações. Dissertação (mestrado) - Universidade Federal de Sergipe, 2015.

SOUZA, D. J. Elementos primitivos especiais em corpos finitos. Dissertação (mestrado) - Universidade Federal de Viçosa, 2021.

STEWART, I. Galois theory. 3rd ed. Boca Raton: Chapman & Hall/CRC, 2004.

ZAHN, M. Introdução à álgebra. Rio de Janeiro: Ciência Moderna, 2013.

ANOTAÇÕES

Impressão e acabamento
Gráfica da Editora Ciência Moderna Ltda.
Tel: (21) 2201-6662